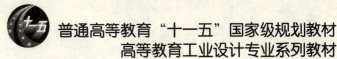

普通高等教育"十一五"国家级规划教材
高等教育工业设计专业系列教材

构思·策划·实现
Conceive·Plan·Perform

产品专题设计（第二版）

（本书受"教育部新世纪教学研究所高等学校教学资源建设立项项目"部分资助）

潘荣 李娟 编著

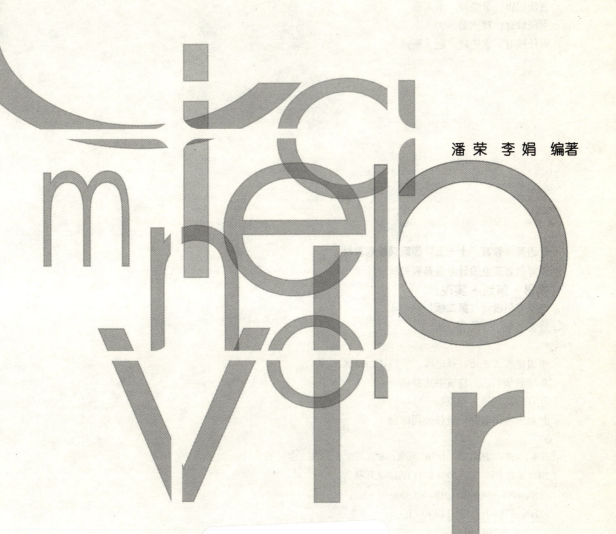

中国建筑工业出版社

图书在版编目（CIP）数据

构思·策划·实现　产品专题设计/潘荣，李娟编著. —2版. —北京：中国建筑工业出版社，2009
（普通高等教育"十一五"国家级规划教材.高等教育工业设计专业系列教材）
ISBN 978-7-112-11499-3

Ⅰ.构… Ⅱ.①潘…②李… Ⅲ.产品－设计－高等学校－教材　Ⅳ.TB472

中国版本图书馆CIP数据核字（2009）第188256号

责任编辑：李晓陶　李东禧
责任设计：郑秋菊
责任校对：袁艳玲　赵　颖

普通高等教育"十一五"国家级规划教材
高等教育工业设计专业系列教材
构思·策划·实现
产品专题设计（第二版）
潘荣　李娟　编著
*
中国建筑工业出版社出版、发行（北京西郊百万庄）
各地新华书店、建筑书店经销
北京嘉泰利德公司制版
北京云浩印刷有限责任公司印刷
*
开本：787×1092毫米　1/16　印张：$9\frac{1}{2}$　字数：236千字
2009年12月第二版　2009年12月第四次印刷
印数：6001－9000册　定价：42.00元
ISBN 978－7－112－11499－3
（18740）

版权所有　翻印必究
如有印装质量问题，可寄本社退换
（邮政编码 100037）

编委会

主　编　　潘　荣　孙颖莹

副主编　　赵　阳　高　筠　雷　达　杨小军　林　璐　吴作光
　　　　　　周　波　卢艺舟　李　娟　于　帆　梁玲琳

编　委　　（排名无先后顺序）
　　　　　　于　帆　林　璐　高　筠　乔　麦　许喜华　孙颖莹
　　　　　　杨小军　李　娟　梁学勇　李　锋　卢艺舟　吴作光
　　　　　　潘小栋　梁玲琳　王恩达　陈思宇　潘　荣　蔡晓霞
　　　　　　肖　丹　徐　浩　阚　蔚　朱麒宇　周　波　于　默
　　　　　　吴　丹　李　飞　陈　浩　肖金花　董星涛　邱潇潇
　　　　　　许熠莹　徐乐祥　傅晓云　严增新

参编单位　浙江理工大学艺术与设计学院
　　　　　　中国美术学院工业设计系
　　　　　　浙江工业大学工业设计系
　　　　　　中国计量学院工业设计系
　　　　　　浙江大学工业设计系
　　　　　　温州大学美术与设计学院
　　　　　　浙江科技学院艺术设计系
　　　　　　江南大学设计学院
　　　　　　浙江林学院工业设计系
　　　　　　中国美术学院艺术设计职业技术学院

总　序（第二版）

《高等教育工业设计专业系列教材》推出以来，鞭策之褒、善意之贬纷至沓来，更有许多同道者本着对专业的热情和对教育事业的关心，纷纷加入本系列丛书再版的编撰行列，为保障本次续编工作的开展与完善成为可能，这正是我们期待的结果。

中国的工业设计教育正处在发展的重要历史时期，一方面，工业设计专业教育虽然在我国近年来有了迅猛发展，现有设置工业设计专业的高校200多所，大大超过了绝大多数的传统专业。然而，面对高等教育普及化的人才培养，专业教育不仅面临培养模式的转型，同时，在健全和完善专业教学体系等方面，也已成为众多设计院校教学改革的重心。本着这一宗旨与要求，我们推出《高等教育工业设计专业系列教材》以来，不仅赢得同道的关注与支持，而且也一定程度地推动了专业教学体系的健全和完善。许多高校纷纷来电订购，因此，系列教材为满足教学需要，再版重印已有三次之多。然而，另一方面，工业设计面临发展、改革与提高等诸多问题，专业课程教学的课程结构、内容和教学方法的建设，更是教学改革的重中之重，它不仅是推动专业人才培养目标的完善，而且也是不断促进与提高教学质量的重要保障。因此，根据本系列教材试用两年以来的反馈信息，进一步编撰修订本套丛书的思想和内容十分必要，也符合本专业教学体系的建设和课程探讨改革发展的需要。

本系列丛书在第二次8卷修订与编撰过程中，在保持策划初衷的基础上，针对课程体系的结构、内容和教学方法的建设，将进一步调整完善。增加了产品设计 Illustrator、Cinema4d 辅助产品表现，同时针对工业设计的实际应用，增加了必要的模具与材料的应用知识，并聚集来自不同高校的教学思想与方法，在保持课程教学稳定与规律的同时，新订教材注重突出特色、强化过程和体现多元化的教学风格。

系列丛书的再版续编获得各方专家学者的支持与帮助，在此，对专家学者和同仁们的鼓励，对所有参加编写工作人员付出的辛勤劳动，以及对中国建筑工业出版社的支持表示衷心的感谢！

《高等教育工业设计专业系列教材》 主编
2009年5月杭州

前　言

工业设计学科自 20 世纪 70 年代末以来在我国发展迅速，从一开始的仅从艺术造型、装饰的角度来认识，到以市场为主体的观念被业界普遍认同历经了几十年的转变过程。自市场经济萌发的 90 年代初，工业设计又从"以技术为主体"向"以人为主体"演变。而随着国民经济的飞速发展和人民生活水平的不断提高，消费者也对我们的设计和企业生产的产品提出了更新的要求。当今，世界是呈多元化与个性化发展并存的时代趋势，人们在展望未来与设计未来的同时，更多地思索和研究的课题是怎样以和谐的步伐保证精神文明与物质文明的同步增长？怎样使产品成为满足物质和文化双方面功能需求？怎样使世界更好地成为符合人们生理和心理的、科学的和美学的和谐发展的理想环境？……这一历史发展的必然性给工业设计学科创造了无限的生机。当产品进入市场后能否被市场接受和喜爱，是否能够满足与协调人们的生理与心理需求等问题的出现，迫使企业开发新产品时不得不客观地、科学地直面客观发展的市场规律，如何有效地开发产品并在激烈的市场竞争中找到自己的位置，则取决于工业设计在产品设计中的应用。同时，面对新形势下对产品设计的更高要求，工业设计的人才培养模式与专业教学也迫于这一新形式的发展，正从传统的教学方式中蜕变而生，努力而快速地研讨新的符合社会实际需求的工业设计教学体系，这也是时代发展的必然。

《构思·策划·实现——产品专题设计》一书正顺应了这一时代需求。作为专业基础教材，本书以专题产品为切入点，从产品设计的专项共性着手研究，探讨有关专题产品的设计思路，重点把握设计核心、设计的鲜明个性与特色，并在导入设计的过程中寻找解决问题的方法，其目的在于培养我们的设计师具有更为正确分析问题和敏锐把握设计的能力。设计没有一成不变的法则，它因人而异，因设计项目等的不同又有其特殊性。因此，本书不可能面面俱到，只是介绍一些常规的方法，借此而希望读者由此及彼、举一反三，并不断在具体的设计实践中灵活应用。

本书编写得到郑磊、陶金、陶裕坊、唐智国、蒋敏辉、张可方、张朱军、邱潇潇、陈胜男、许熠莹、王巍、蒋之炜、蔡志林、郭章、韩莎莎、董艳、费艳青等各位编委以及郭黎艳、延鑫、王艳杰等的大力协助，在编写过程中他们为各章节作了大量的资料整理工作，为顺利完成此书付出了辛勤的劳动。同时，本书的编写也得到了省内外工业设计专家的支持，在此表示感谢！

目 录

第 1 章 ｜ 产品专题设计的概念 ／ 009

1.1　引 论 ／ 009

1.2　产品专题设计研究的意义 ／ 010

1.3　产品专题设计研究的内容与目的 ／ 012

1.4　成功专题产品开发的特点 ／ 013

1.5　专题产品设计与分类 ／ 015

第 2 章 ｜ 影响专题设计的相关问题 ／ 017

2.1　设计思潮与设计风格 ／ 017

2.2　绿色设计与可持续设计 ／ 021

2.3　安全设计与适当设计 ／ 025

2.4　产品开发的功能与技术 ／ 027

2.5　专题产品设计的评价方法 ／ 029

2.6　工业设计与市场 ／ 030

2.7　新产品设计的策略与价值 ／ 032

2.8　专题产品设计的三种状态 ／ 035

2.9　设计的未来趋势 ／ 036

第 3 章 ｜ 产品专题设计创新的法则 ／ 039

3.1　设计与创造力 ／ 039

3.2　文化与认知 ／ 039

3.3　设计的创造方法 ／ 041

3.4　创新设计的风气 / 047
3.5　亲身体验胜于虚拟想象 / 048
3.6　动脑会议的创新魅力 / 050
3.7　原形创造是创新的捷径 / 051
3.8　培养异花授粉的能力 / 053

第 4 章 | 产品专题设计的难点 / 055

4.1　市场的审美与时尚 / 055
4.2　鲜明的个性与特征 / 057
4.3　功能与创意的矛盾 / 059
4.4　通俗易懂的语意表达 / 061
4.5　和谐的人机环境界面 / 063
4.6　产品开发与营销策划 / 064

第 5 章 | 产品专题设计的步骤与方法 / 067

5.1　提出设计 / 067
5.2　制定计划 / 069
5.3　设计准备 / 070
5.4　设计定位 / 071
5.5　设计展开 / 073
5.6　方案传达 / 077
5.7　市场推广 / 077

5.8　改良专题产品实施方案与步骤 / 079

5.9　概念专题产品实施方案与步骤 / 079

5.10　市场调研内容与方法 / 081

第 6 章 ｜ 专题设计案例 / 085

6.1　课程教学案例 / 085

6.2　实际开发案例 / 130

第1章 产品专题设计的概念

1.1 引 论

设计是一个大的概念,通俗地说是人类把自己的意志通过自然界以"物"为媒介,用于创造人类文明的一种广泛活动。工业设计专业的产生与发展是伴随着机械化生产的产品设计的需要而发展起来的一门新兴学科,其目的也是制器造物的一种形式,是在新的历史背景下以适应这一机器生产条件和满足社会发展中人的生理、心理需求的一种创造活动。

工业产品设计研究的重点是产品外观的造型设计及与之相关的设计内容。产品造型设计的视觉美感离不开人的审美情趣,好的产品造型设计更需要合理的工艺技术来实现。由此可见,工业设计师在开发产品的过程中,首先必须以人为中心,设计服务于人为目的产品设计原则,充分发挥设计师的造型审美能力,才能创造符合人们审美情趣要求的产品设计。工业产品设计也必须以机械生产的技术条件为基础,针对生活导向和产品市场的激烈竞争,设计师需要展开深入研究,并不断探讨设计方法来调动最大的创造潜能,才能在具体的专题产品设计开发中获得优良的设计效果。工业设计师有别于技术发明的工程师,其职责是把技术合理地转化为人们的生活用品,在设计中注重和谐人、机和环境三个方面的关系。随着国际商品竞争的日益加剧,工业设计的内涵与外延在不断扩展,肩负的使命也不仅仅是创造美的产品形态,它在降低成本、提高产品品质和增强产品的市场竞争力等多方面的设计活动中也发挥着越来越重要的作用,其创造的社会经济价值被企业广泛关注。

近年来,随着市场经济的发展与竞争突显的矛盾,企业在经济上的成功迫切需要一种能力,这种能力就是准确识别顾客所需,以较低成本迅速制造出符合市场实际需求产品的能力。要达到这样的目标不仅仅是企业提高交叉团队共同开发产品的能力的问题,也不仅仅是产品设计或制造的问题,它是一个包含产品全部内容的综合开发问题。在开发的具体过程中,就具体的产品项目来说,还需要进行专题性的研究才能准确设计出满足顾客识别所需的产品。

相对而言,产品专题设计是指围绕开发的具体产品展开的一整套设计活动。它包括发现市场机会、明确设计任务、设计具体展开,产品的制造、销售及运送到消费者手中等内容,并要

图1-1 为便于折叠、存储、使用的需要,以及由于城市规模的扩大,需要一种更为方便和省力的代步工具,于是自行车设计的新概念产生,"折叠型"、"电动型"的自行车相继投入市场,并满足了这一变化的市场需求。优秀的设计师应该始终保持对市场观察的敏锐视角,才能为人们的生活提供满意的设计

求设计人员就专题产品的设计课题协同合作,其中特别是工业设计师在整个设计活动中所发挥的重要作用。

产品就是企业销售给顾客的用品,尽管作为企业开发产品的目的非常明晰,但是,在具体的开发过程中由于牵涉到使用者与企业自身开发能力等因素的影响,使其具有复杂性。工业设计师对专题产品的设计研究应从顾客需求切入,具体问题具体分析,充分运用工业设计理论知识,明晰设计任务,抓重点找突破,并发挥团队沟通的桥梁作用,使专题产品从无形到有形,设计方案能够满足消费者和企业二者的互动,才能有效地把握好专题产品的设计效果。本书的重点就是围绕专题产品设计开发过程中的具体内容进行论述,目的是使设计师能够在具体的设计过程中,以更快、更好、更准确的方式把握产品市场的实际要求和满足消费者审美需要的产品设计特征。

1.2 产品专题设计研究的意义

1.2.1 塑造产品外观造型质量是工业设计的直接任务

从某种意义上来说,工业设计是赋予产品一个优美的物质外壳和视觉形象,实现功能和形式、技术和艺术的统一。为此,专题性产品设计应利用和调动工业设计诸多造型因素和审美原则,如技术、艺术、科学、美学、材料、工艺、心理、市场等,来创造与产品功能高度统一的并满足消费者欣赏的外观形式,从而提高产品的市场需求与竞争需要。比如手机,其功能技术方面已相对稳定,消费者对其外观的设计却越来越重视。在近几年的手机市场上,新颖的造型,别致的款式,愈显竞争优势,成为手机市场的热点。又如服装,其款式已压倒布料和价格成为消费者最关心的外观因素之一。家具、家电、玩具、交通工具等产品无不如此。

图1-2　虽然企业不同，生产的产品也不同，但相同的是企业都会以"高时尚"、"高品质"和"高技术"的概念来定位产品设计以创造各自产品的卖点。企业都希望能通过设计新颖的造型，别致的款式吸引消费者，寻找自己在竞争中的位置

1.2.2　塑造产品审美质量是工业设计魅力的根本所在

产品的美应包括功能美、人机美、环保美、节能美等。产品的视觉美与产品的造型是分不开的，造型是视觉美的基础。改进和创造产品用途，是工业设计提高产品应用的基本要求；合理、新颖、方便、舒适等功能的设计应用，是创造功能美的核心；选择最能实现功能的材料，采用先进的生产工艺，并科学合理地加以利用是材质美、工艺美的追求；利用色彩表现原理，综合运用材料、工艺、几何图案、文字等，进行装饰创意设计是达到产品装饰美、色彩美的前提。工业设计在人机工学理论的指导下创造人机关系的高度和谐，达到人机美，并按绿化环保原则的要求，在技术许可的条件下（尤其是绿色环保技术），慎重选材，改良工艺，避免人身伤害，清除废气、废渣等废物污染，保护消费者人身健康和生态环境，是绿色环保美的重要内容。另外，节能、除臭、轻便等也是构成不少产品审美质量的重要因素，是需要自觉利用工业设计解决好的新课题。

综上所述，塑造专题产品的审美质量，关系到产品的各个方面，需要运用工业设计的综合技能在具体的设计过程中总体把握。

1.2.3　注重人与产品之间的和谐可以增强产品的宜人品质

产品是为人使用而设计的。人对产品除对功能、审美的要求外，还有方便、舒适、亲和、安全等要求。产品专题设计必须遵循人机工程学原理，并在具体的设计过程中充分考虑人和产品的和谐，如操作的把柄、按键或使用的座位等的方便性和人的视觉、嗅觉、触觉、听觉等方面的舒适性等，其目的都是在人与产品之间创造出亲密和谐的关系。

产品设计在人心理上反映的亲切和谐感，也就是我们常说的人性化表达。现代产品设计的人性化表达已成为标志产品品质的重要内涵之一，尤其是在当今激烈的市场竞争中，其对提高产品的竞争力起到了不可忽视的重要作用。如家具、汽车等产品在人机设计上都要求在使用方面获得舒适感和亲和感，并且产品无论是在操作上或者是人与产品相处时，其减少疲劳、增加愉悦、减轻精神压力、提高工作效率等方面在人机工学知识的应用中都反映出创造产品宜人

图1-3 服装作为产品设计类别的一个重要部分，与人们的生活息息相关。它的发展变化与时代密切关联，也充分反映了政治、经济、文化和技术的变迁，它几乎是现代文明发展的一个"符号"，不断演绎着人们对社会经济文化发展的趋向。无论是服装产品还是其他产品设计，运用综合技能创造产品的审美质量，是人对高品位质量追求不可违背的设计定律

品质的重要意义，也是突出产品卖点的有效方法。

1.3 产品专题设计研究的内容与目的

1.3.1 产品专题设计研究的内容

产品专题设计作为实现和满足市场需求的重要创造活动，对产品内在质量和外观质量有着全方位的决定和影响作用，因此，我们在做产品专题课题时，应在以下三个方面作探索性研究：

（1）以商品概念为核心是专题产品设计的目的。要研究市场变化背景下的消费者实际需要与潜在需求的导向，明确研究课题的方向与目的，并建立起生产营销商与特定消费群体之间的互动关系，是实现开发的专题产品转化为商品的前提。

（2）关注专题产品设计的相关问题，以最经济的设计产品来满足生产营销商赢得最大利润和提高产品的市场占有率，以消费群体公认的且生产商能够满足的美来赢得消费者的芳心，是体现设计合理和保证产品实现为商品的核心。

图1-4 从"发生学"的视角观察产品，我们不难看出以上两件产品的使用特征。可以这么说："好的产品就像是在叙说它与人之间的一部和谐的生活故事"

（3）寻求一种有效的设计途径和解决问题的方法，针对不同的专题产品进行综合研究，掌握其设计具有的内在规律和独特的设计形式，是做好专题产品必备的能力。

1.3.2 产品专题设计研究的目的

（1）通过专题产品设计的学习与研究，可以针对不同产品快速导入设计，加快产品研发周期和提高设计效率。

(2) 通过专题产品设计的学习与研究，可以针对具体产品建立有效的设计评价基础，快捷、准确地把握产品设计的方向。

(3) 通过专题产品设计的学习与研究，可以有针对性地开发产品，把握专题产品设计的内在规律，并建立起有效的设计管理机制。

(4) 通过专题产品设计的学习与研究，可以进一步认识、理解和掌握产品设计的法则，并从实际出发，以务实求真的设计思路，更全面地把握设计的审美、文化、技术、市场和能源等一系列要素之间的关系，使设计更趋于合理、完善以满足市场需求。

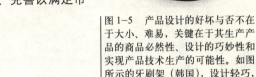

图1-5　产品设计的好坏与否不在于大小、难易，关键在于其生产产品的商品必然性、设计的巧妙性和实现产品技术生产的可能性。如图所示的牙刷架（韩国），设计轻巧，构思巧妙，功能得当，加工简便，对于现代三口之家会有很好的卖点

1.4　成功专题产品开发的特点

专题产品开发的成功在于它既满足了消费者的实际需要，又使得投资者可以从中获得利润。通常情况下，产品开发的成功与否，需要在专题产品开发的过程中不断进行评估。评估的重点应从消费者和企业两方面的利益上共同考虑。下面是常用于评估一项专题产品开发成功可能性的六个方面：

(1) 市场潜力——消费者是主导市场的主体。专题产品的市场潜力在于是否满足了消费者的需要，是否在设计中考虑了符合消费者切身利益的各个方面，如消费者在购买产品时的承受能力。只有能够卖得出去的产品才是一件成功产品。

(2) 产品质量——产品有什么独特性与优越性？为消费者提供了什么样的需要或服务？产品的强度与可信度怎样？产品的功能与质量直接反映消费者对产品评价的社会信誉度，而信誉度是保证专题产品开发成功首先必须解决的问题。

(3) 产品成本——一般是指产品的制造成本，它主要包括资本设备、工具的花费与生产每一单件产品所增加的成本这两个方面。产品的制造成本决定了企业的特定销售量和在特定的销售价格中获得的利润。相对产品制造的成本越低其在市场上的竞争优势就越明显。

(4) 产品的审美效果——产品的视觉美感是多方面的，包括功能美、人机美、环保美、节能美等，同时，审美标准还具有明显的时代特征。随着人们对审美要求的不断提高，产品的视觉美感已成为促进销售和提高产品附加价值的重要因素，也对提升产品的总体品质起到积极的作用。

(5) 开发时间——新产品的研发速度越快，占有市场的机率就越大。一般新产品的设计开发周期都需要一个从研发到投入市场的过程，当新产品研发的难度过大而影响其投入市场的时

图1-6 浙江盈谷科技有限公司的电磁灶设计
图1-7 产品不仅仅是反映优美的视觉效果,更需要明确设计的功能。上图这一环境中的产品具有双重的使用功能,集家具功能和分割环境空间的功能作用于一体

间时,新产品的研发就不得不放弃某些研究的技术难点来确保新产品开发的时间。占领市场先机对于新产品的产品识别与市场认同有着不可低估的作用。

(6)开发成本——产品的开发成本包括具体开发某一产品所花费的人力时间及所需的工具与设备进行的投资。一般来说,开发成本都要列入未来产品固定成本中,由此可见,专题产品的开发成本越高,对未来产品市场竞争力的影响就越大。

(7)开发能力——产品设计是一个系统工程,组成的设计团队需要相互配合,也需要很好的团队精神及匹配得当的人员,可以说设计团队的强弱直接影响新产品研发的时间和质量,它集中反映了企业对具体新产品的开发能力。一般情况下,团队会出现的以下几个实际问题需要特别关注:

1)设计团队缺乏授权责任——设计负责人置身于开发项目细节上的持续干预,而忽视对开发过程的整体决策,可能导致团队成员之间任务不明确和整体协调不清晰。

2)新产品研发的资源不充分——设计人员缺乏,技能和水平不等,团队缺乏交叉职能代表,或缺乏资金、设备和工具材料等条件,都将影响开发任务的完成。

3)超越项目目标——市场营销、设计或制造代表为提高自己在项目开发中的地位和作用,很可能会在不考虑产品目标的情况下对产品施加影响,这往往是导致产品研发失败的原因之一。

1.5 专题产品设计与分类

1.5.1 生活形态的研究

随着社会向高层次多元化发展，人们的价值取向与需求发生了根本性的变化。人们价值观的变化和人的天性的需求都要求社会能提供比以往更好的生活方式、生活环境和生活质量，要求有更好、更多、更新、更美的产品来充实新的观念，这就造成了市场由卖方转向买方并不断促使企业在产品设计的形式上找突破口。当今的社会是个性化产品的时代，人们要求自己使用的产品能表现自己的个性追求和生活态度。由于每个人的生活阅历不同，所以每个人的生活方式和喜好也不一样，有的倾向于环保型产品，有的倾向于豪华型的，有的倾向于自然化的，有的则倾向于实用的等。那么作为一个设计师，在面对同样的产品功能、同样的技术条件时，怎样通过不同的艺术造型风格，不同的色彩搭配来创造不同的产品形象以满足不同人群的需求便显得更加重要了。因此，专题产品设计应通过对生活形态的研究，合理地把握产品设计的个性化、多样化，这也是设计师满足不同层次的人的欣赏情趣和生活方式需求的设计良方。

1.5.2 专题产品的市场细分

（1）按产品的基本类别进行分类：

专题产品的基本类别大致分为纺织产品、日用产品、信息电子产品、文化用品、体育用品、交通工具、机械生产设备、医

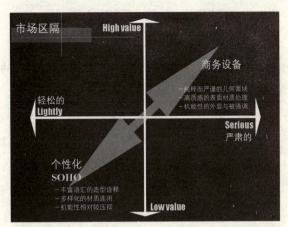

图1-8

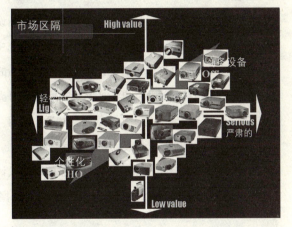

图1-9

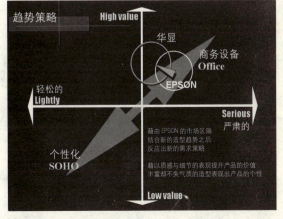

图1-10

图1-8～图1-10
华硕针对产品的市场区隔，将投影机设计分为轻松的、个性的、严肃的、家用的和商务用的图表分析，从而明确了开发此类产品的设计概念定位

用设备、军事用品、航空用品和环境设施等。

（2）按产品的层次进行分类：

专题产品按层次大致分为以价格和质量为标准的高、中、低档三类及以年龄层次为依据的老年用品、成人用品和儿童用品等三类。

（3）按产品的属性进行分类：

1）按性别不同分为两类，即，男性用品和女性用品；2）按消费者不同文化结构和对产品的使用要求分为傻瓜型和智能型两类；3）按产品不同时代的风格需求又可分为传统型和现代型两大类；4）按各民族不同的审美情趣与需求产品又可以细分为民族特色和国际特色两类；5）按产品的市场区隔又可以分为轻松的、个性的、严肃的、家用的和商务用的五类。如图1-8～图1-10。

不同的专题产品对设计有不同的要求。纺织品设计要求通过潮流分析、营销研究与全球市场分析，并根据季节、材料精度、纺织结构、装饰主题、色系和修整细节等方面开发新产品；日用品设计要求充分应用审美设计理念，注重产品的文化品位与环保意识，并充分考虑产品对大众的实用性与社会效益；电子产品的功能性和时尚性非常强；文化用品要求美观、新颖、精致、实用；体育用品设计在中国不仅要求舒适、耐用、时尚、前卫，更多的是中国文化对"运动"一词独特的理解；交通工具设计要求其具有安全性、快捷性、时尚感等。

总之，针对某专题产品的设计，通过前期的设计调研，首先需要对该产品的分类与属性进行合理分析，才能明确设计的方向与定位，这对把握后期的设计有着直接的指导作用。

名师点评：培养设计师拥有一双什么样的眼睛？

南京艺术学院副院长　何晓佑教授

设计师的眼睛之所以与常人不同，主要体现在对问题的敏感性与把握能力上，其能力应体现在以下六个方面：

观察问题的能力、发现问题的能力、分析问题的能力、提出问题的能力、研究问题的能力、解决问题的能力。

爱因斯坦说过："提出一个问题往往比解决一个问题更重要。因为解决问题也许仅是一个数学上或实验上的技能而已，而提出新的问题，新的可能性，从新的角度去看旧的问题，却是创造性的想象力，而且标志着科学的真正进步"。

第 2 章　影响专题设计的相关问题

2.1 设计思潮与设计风格

在工业设计产生和发展的一百多年短暂历程中，曾交替出现过许多不同的设计思潮，而各种思潮出现所形成的审美现象对具体的产品造型设计的展开与深入起了关键的作用和影响，随之形成的产品风格也具有显著的时代特征并反映了不同思潮对设计的思考。回顾历史我们可以清晰地感受到交替出现的设计思潮并不是偶然出现的一种现象，而是对设计的不断重新审视和完善，并不断在理论与实践上推动设计的发展。

产品专题设计是对某一具体产品进行的设计与开发，要求设计的外观形态和内在功能既要满足消费者对实际使用功能的需求，又要符合时代的审美情趣，否则生产制造的产品不可能满足人们的实际需求。因此，当设计师着手一项产品设计时，如何把握产品的功能、外观形式及消费者的审美价值是设计不可忽视的重要方面。从新产品设计获得成功的案例看，成功开发的新产品往往是建立在老产品或类似产品设计的审美基础上，对未来产品的准确预测并加以设计。其中特别应注重的是准确把握产品的发展趋势与时代的审美特征。可见，优秀的工业设计师不仅要具有敏锐的设计思维，而且还要掌握好各个时期产品设计审美思潮对设计起指导作用的理论知识，这样才便于在具体的产品开发过程中有效地控制设计的审美效果。分析和掌握设计思潮，就是让我们在针对具体的专题产品设计过程中，能借助产品的审美思潮和历史沿革进行仔细的分析，并通过分析和研究获得未来产品设计的发展思路与灵感。以下将最有代表性的几种设计思潮作个简要介绍，以供参考。

2.1.1 现代主义

现代主义设计思潮的形成不是偶然的，20世纪初，正当工业革命的迅速发展使产业认识并着手酝酿设计的标准化和合理化的同时，欧洲大陆艺术界也正在兴起一场新的艺术运动，如立体派、未来主义、风格派和构成主义等。虽然这两者之间表面上并没有什么直接的联系，前者是现代产业革命的结果，后者是基于寻求一种新的艺术表现形式。但是，两者在价值观和美学上的探索有着惊人的相似，譬如新艺术强调艺术的社会功能，试图客观地甚至在科学的基础上

图 2-1　蒙德里安的色彩构成 A，1917 年布上油画

图 2-2　勒.柯布西耶设计的钢管躺椅，反映了他对"机器美学"的颂扬

创造和理解艺术等，并有相当一部分艺术家开始从事建筑和工业产品设计，正如同时期著名的建筑师、设计师和教育家格罗皮乌斯所倡导的"艺术家"必须学习如何去直接参与大规模生产，而工业家也必须认清如何去接受艺术家及艺术家所能产生的价值"，为此，他设想建立一所与产业界具有密切联系的学校，希望"创造一个能使艺术家接受机械……"的设计学校并于 1919 年创建了包豪斯学校。德国包豪斯的理性思考在当时崇拜狂热梦想的设计领域中引起了轩然大波。它引发的强烈冲击波震撼了整个设计界并深刻地影响了人们的生活。这种被后人称之为"现代主义"的理性主义代表了当时工业设计的最高水平。"后现代主义"、"有机现代主义"都是以它为参照物的衍生物。包豪斯从抽象美学所体现出来的严峻、简练、少装饰成为人类社会进入工业时代后，以机器生产、强调功能主义的一种新的审美水准的象征。

　　现代主义反对沿用传统的式样和装饰，主张创造新的形式，从而突破了当时历史主义和折中主义的局限，开辟了新材料、新技术和新的功能要求在设计中的应用，崇尚以机器隐喻的"机器美学"，即是用类似几何的形态来象征机器的理性和抽象的视觉美。现代主义对几何的过度追求，也导致了新的形式主义，从而使早期的现代主义先天不足，导致后来的后现代主义设计的发展与延伸也成了必然的发展趋势。

2.1.2　有机现代主义和新现代主义

　　设计的发展也反映了哲学辩证法否定之否定的规律，设计的不同思潮也是以一种螺旋上升的方式在变迁。人们厌倦了现代主义的冷漠，20 世纪 50 年代以斯堪的纳维亚设计为代表的"有机现代主义"以其非正规化、人情味和轻便、灵活的特点开始兴盛。从设计风格的角度而言，斯堪的纳维亚设计依然是功能主义的表现形式，但它不是包豪斯时期的那样严格和教条，设计

图 2-3　汉斯·华格纳设计的扶手椅，1949 年

图 2-4　英国 O.M.K 工作室的办公室设计，代表了新现代主义风格的典型特征

经常采用被柔化了的几何形式，僵直的平面形式常常被赋予"人情味"的有机形取代，产品的色彩处理不再受 20 世纪 40 年代构成主义的高纯度的原色影响，变化成调和的中性和灰色色彩。同时，设计开始注重使用天然材料以保持产品表面的纹理和质感，在普遍的一种怀旧思潮影响下，注重民族传统手工艺的价值和现代设计的结合，体现了当时人民对于生活的态度。

20 世纪 60 年代由于战后经济的快速发展，商业机构与办公空间激增。西方一些国家出现了一种与 20 世纪 30 年代的早期现代主义风格极为相似的设计风格，被称为"新现代主义"。新现代主义推崇几何形式和机器风格，更注重几何形式的抽象美和高品位。从侧面来看这和社会发展，商业办公机构的有序、冷漠、严肃的品质有很大的关系，从中也可以看出社会、文化、经济对设计的强大影响。

新现代主义风格的设计主要表现在家具的设计上，尤其是办公家具的设计。其家具的材料倾向于采用钢管和表面为素色的材料，在设计上趋向于几何形式，这种风格以英国最为典型，如成立于 1966 年的青年设计机构 OMK 工作室的办公家具设计，OMK 的设计比早期现代主义风格的钢管家具更强调金属反光的冷漠感。

2.1.3　激进主义

具有反叛动机的激进主义是与现代主义对立的一个概念，激进主义认为理性主义是对人性的一种束缚，它的设计准则是浅薄、新奇、时髦等。孟菲斯是其中最著名的设计团体，其宗旨是：设计的目标不是产品本身，而是一种新的生活方式。他从感性的人文角度出发进行设计，有意地从产品的各个方面打破常规,以乐观、喧闹的态度直面人生。设计不是单纯一味的以此为目的,许多孟菲斯作品中都蕴涵着强烈的生命寓意,从其作品中常常可以看到一些生命的灵性,所以设计师的设计不是肤浅随意的,而是经过了复杂思考的。

2.1.4 高技术风格

高技风格首先是从建筑上开始的。1977年,英国建筑师罗杰斯设计的巴黎蓬皮杜文化中心,采用了完全暴露的构造方法,把工业建筑、工业构造作为一种设计语言用在建筑中,成为一种重要的建筑美学符号,在当时引起了很大的争议。但是作为一种新的设计风格和新的美学观念,高技风格不仅从此被接受,而且也形成了具有相当影响力的设计思潮。高技术风格在工业设计上的主要手法是将工业技术引入到日用产品设计上来,其设计特征是运用精良的技术结构,讲究的现代工业材料和现代先进的加工技术,并加以夸张处理形成一种符号效果。我们不能简单地把它看作是理性科学的体现,应该说它是在感性的美学理论上大胆地夸张高新技术,并对日新月异的高新技术表现出极高的乐观和崇拜。有机现代主义是探索如何使现

图 2-5 孟菲斯风格作品:烤面包机(模型)1986 年,约尔格·西罗莫斯设计

图 2-6 孟菲斯代表作——圆桌 1983 年,日本,SHIRO KURA MATA

代主义的冷漠刻板更具情趣和人情味以使其更适于有血有肉的人。而高技术派则认为人应该抱着对高新技术无比乐观的态度去适应高新技术及其深远的社会影响。高技风格在反传统、纯技术方面走向了"极限主义"。

2.1.5 极少主义

极少主义是20世纪80年代极为流行的一种风格,在设计风格上,后现代主义追求过度丰富的理论同样受到了质疑,而朴素的美学观既含有理性的思想,又有强烈的感性因素。中国古代文人郑板桥在诗中就写到"一两三枝竹竿,四五六片竹叶,自然疏疏落落,何必重重叠叠",体现了"少就是多"的审美价值观。20世纪80年代后期以来,极少主义从众多流派中脱颖而出,

图 2-7　曾被认为是高技风格典型代表的巴黎蓬皮杜文化中心　　图 2-8　挪威,托里斯坦·尼尔森以诙谐手法设计的"图腾"椅,其表现的形式被称为"过度高技风格"　　图 2-9　闻名于世的苹果电脑,现代高科技与艺术的完美结合

 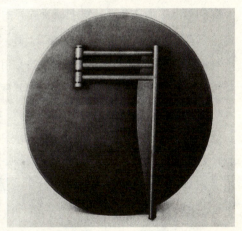

图 2-10　极少主义风格作品"M"桌,1985 年法国菲利普斯·斯塔克设计　　图 2-11　折叠桌,1982 年法国菲利普斯·斯塔克设计

它与现代主义相比更加强烈的追求感性精神,它不仅是一种设计风格,也是一种生活方式,以物质享受为中心的价值观被舍弃了,物欲被淡化了。极少主义追求清心寡欲以换取精神上的高雅与富足。这种思想与靠消费支撑起来的资本主义经济秩序是格格不入的。实际上,极少主义是一种极端的形式主义,它将一些其实必要的部分和功能都进行了简化,这也给使用者带来了很多的麻烦,而且其极端的追求有时也很难实现或造成成本昂贵。

2.2　绿色设计与可持续设计

　　绿色设计源于人们对于现代技术文化所引起的环境及生态破坏的反思,体现了设计师的道德和社会责任心的回归。在很长一段时间内,工业设计在为人类创造了现代生活方式和生活环境的同时,也在无意之中加速了资源的消耗,对生态平衡造成巨大破坏。

绿色设计着眼于人与自然的生态平衡关系,在设计过程的每一个决策中都充分考虑到环境效益,尽量减少对环境的破坏。对工业设计而言,绿色设计的核心是"3R",即 Reduce、Recycle 和 Reuse,不仅要尽量减少物质和能源的消耗,减少有害物质的排放,而且要使产品及零部件能够方便地分类回收并再生循环或重新利用。绿色设计不仅是一种技术层面的考虑,更重要的是一种观念上的变革,要求设计师放弃那种过分强调产品在外观上标新立异的做法,而将重点放在真正意义上的创新上面,以一种更为负责的方法去创造产品的形态,用更

图 2-12　绿色设计的过程轮图
说明:在产品整个生命周期内,着重考虑产品环境属性(可拆卸性、可回收性、可维护性、可重复利用性等),并将其作为设计目标,在满足环境目标要求的同时保证产品应有的功能

简洁、长久的造型使产品尽可能地延长其使用寿命。同时也需要消费者有自觉的环保意识,以及政府从法律、法规方面予以推进。其中,设计师起到了关键的作用。

与绿色设计密切相关的另一个概念就是可持续设计。可持续设计的本质在于——充分利用现代科技,大力开发绿色资源,发展清洁生产,不断改善和优化生态环境,促使人与自然的和谐发展,人口、资源和环境相互协调,相互促进。作为人类社会的一个阶段,可持续发展阶段有其自身的一系列特点:

1)经济性质——高效、和谐、循环、再生的协调型经济;
2)系统识别——控制调节的网络结构;
3)消费标志——自然、社会、经济全面发展的需求;
4)生产模式——智力转化与再循环体系;
5)能源输入——清洁的与可替代的能源;
6)环境响应——与环境协同进化,资源再生。

可持续发展设计,是指在可持续发展思想的指导下,对任何组织、个人的行为及意识进行再创造,以期达到整个世界各要素间积极持久的和谐共生。可持续发展设计的根本点是解决两个问题:一是"设计什么",即可持续发展设计的对象;另一个是"怎样设计",即如何将可持续发展设计应用到各对象中,提出切实可行的方案。

可持续发展设计的根本在于发展性创造性;核心在于可持续性和谐性;连接起来,就是创

造新的和谐。在保证达到预定目标的基础上,加大智力输入,相应地减少物质投入,减轻对环境的影响行为,均属于可持续发展设计的范畴。

可持续性产品设计可看成是面向需求与环境的设计管理,在倡导适度消费的原则下,使产品在生命周期的各个阶段得到合理的资源配置,优化设计过程,合理利用材料或能源,尽可能减少对环境、人体的负面影响。其重点在于系统分析影响产品生命周期的外部因素。

对于上面所提到的"绿色设计",在可持续发展的设计中可称之为"可持续发展思想在产品设计中的体现",即主要考虑产品对环境的影响。而我们清楚,在保证与自然协调的同时,绝对要重视起着主导作用的人。这就要求可持续发展设计具备更多的设计重点,是对环境、人体生理、心理等的综合考虑。产品设计师需要把这三点共渗入意识中,用以指导具体专题产品的整个系统设计流程。曾经有一段时期提出的以人为本的产品设计思想,其出发点是好的,但关键是如果在设计产品的过程中只考虑人的因素而忽视了环境的话,就违背了人的自身发展与环境和谐的规律了。

图 2-13　太阳能汽车:现在能源日益紧缺,而太阳能这个取之不竭又环保的能源,正越来越成为世界广泛关注的开发热点

图 2-14 上海科技馆的绿色设计与可持续发展设计的展位，这也反映了国家、政府对此的高度重视。低能耗、低污染、可回收再生的设计必然是未来的主流

改革开放以来，虽然我国的国民经济建设发展迅速，但是，在经济建设中对资源的合理开发和应用存在不少问题，譬如过度开发资源、环境污染等现象的出现，在很大程度上给人民生活和我国经济建设的可持续发展带来了负面影响。因此，对于我国现阶段来说，绿色设计与可持续设计是极其重要的。我们应该结合本章第 2.3 节中谈到的适当设计，合理地利用资源，因地制宜，特别是生产地与销售地在资源上的优势。比如：山西是煤炭大省，煤炭资源在当地具有明显的优势，设计师在为本地公司开发产品时，就应该多从发挥这一地区优势的角度出发，充分合理地利用当地资源，这样，单从运输这一环节上就可以节省很多的能源消耗了。

作为一名工业设计师，要充分体现和保持设计师的道德感和社会责任心。21 世纪是生态的世纪，设计应着眼于未来，着眼于人与自然的生态平衡关系，着眼于产品设计与生态关系的每一个细节，在设计过程中不仅要把持好每一项专题产品的设计效果，而且还要在开发产品的每一个具体决策中都充分考虑到影响环境的因素，尽量减少对环境的破坏和对资源的不合理消耗。

2.3 安全设计与适当设计

对于产品的安全需求是人的一种本能反应。我们所从事的每一项具体的产品专题设计，在安全设计上的要求虽然有高有低，但却不能因为有些产品对安全设计要求不高就可以忽略安全方面的细节设计。例如某儿童玩具的专题产品设计，其开发的重点是通过以"玩具"为媒介来开发和提升儿童的智力。尽管儿童玩具与电器产品相比较其在安全上的考虑要简单得多，然而，由于儿童在操作玩具上的无意识等，很容易产生失误和意想不到的损伤，如碰撞、卡接、吞食等现象的发生。所以，在设计玩具的每个细节上都必须考虑周全，坚决杜绝可能引发的一切安全事故！

安全性设计在具体的产品设计应用过程中不能狭义地理解。安全性设计主要包括机械制造过程和使用过程的安全性设计。另外还涉及操作舒适性设计、造型美学设计及环保性设计等方方面面。

安全性设计的内涵与外延

(1) 内涵——主要指制造过程和使用或操作过程这两个方面的安全性。

制造过程的安全性是指在制造过程中必须考虑制造设备及操作人员的安全。

使用或操作过程的安全性主要指避免由于设备本身工作性能降低或零件失效造成的设备故障，以及由于人为失误造成的设备损伤或人员伤亡等现象的发生。

比如说大型的切纸机，如果手在机器下整理纸张时不小心启动了设备，后果就不堪设想！对于这个情况，我们就可以将切纸的开关设计为需要两只手同时分别按住两个开关才可以启动，这样就可以避免许多工伤事故的发生。

(2) 外延——由于安全设计与工业设计的其他环节都有密切的联系，所以其一直贯穿于工业设计的始终并与其他环节如机械设计与制造、经济性、通用性、舒适性、美学性、环保性等有着密切的联系。

对安全设计的重视必然会大大提高设计制造的成本，所以安全性的设计就要有很强的针对性，比如要分析其使用的环境，操作上的特点等，特别要注意人在其中的因素。

随着工业设计的手段、方法日新月异和环保意识日益高涨，安全性设计在工业设计中的地位已明显提高，随着人类对自身及环境重视程度的增加，安全性设计将成为工业设计中必须考虑的重要环节，其设计内容、形式、方法与工业设计其他环节的交叉点日益丰富，不断地在完善。

适当设计是一种恰如其分的设计原则，包括两个方面的内容：一是简约主义，二是地域主义。

1. 简约主义

简约主义是指运用结构简单、材料少、造型简练等原则来进行产品设计的一种思想。其

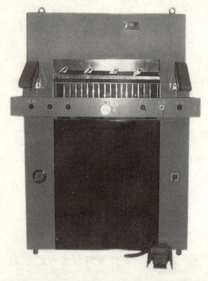

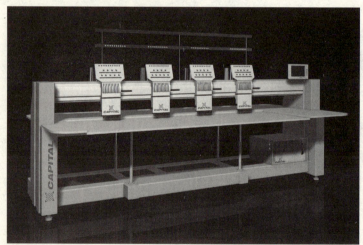

(上左) 图2-15 大型液压切纸机，在切纸的过程中要求操作者双手分别按住设在机器两侧的按钮，这样就避免了工伤事件的发生

(上右) 图2-16 总开关设计为内凹方式，谨防误操作

(下) 图2-17 某纺织机械设备，规整的造型使操作更安全、更方便和易于清洁（造型设计，沈嘉）

本质是使所设计的产品能最真实、最准确地反映其自身的价值，并能恰好满足消费群体的各种必要的需要。简约主义是从后现代主义演化过来的一种设计风格，是对现代主义的部分继承和发展。

2. 地域主义

地域主义是针对发达国家的不发达地区和发展中国家与地区现状提出来的。为此，发展中国家必须走适合自己的道路。地域主义认为，与工业化社会即成生产体系下的产品开发设计不同，不发达国家和地区的产品设计与开发，必须在对地域的潜在技术、资源、人才等各方面因素进行研究、挖掘的基础上，进行适合于当地的生产方式和生产体系的设计。地域主义对发展中国家的意义重大。例如中国就存在着缺少高技术、缺少资本的高投入的情况，对此情况我们就要对本地的资源合理使用，来改善自身的生活质量，把握适当与适度的原则，将经济文化的发展与资源环境的保护置于同等地位。做适合中国国情的设计。

地域主义的意义很广，即使对一个公司的选址来说也可以应用这一原则。因为，公司都有很多部门，比如调查、设计、研发、生产、销售等。但一个公司并不是所有的部门都一定要在一个地方，这时就要充分利用地域主义的原则。如果这个公司的产品主要是外销的，那其生产基地就应该选在沿海城市，特别是海运比较发达的港口城市以方便运输。研发类的机构就必须在销售地附近，这样才能更好地和市场相结合，随时根据市场调查，因地制宜地设计出符合当地需要的产品。

图 2-18　机器制造的时代来临，传统手工业受到强烈冲击，制陶工人不再是手工艺人，这种工艺可以通过以机器生产的方式提高生产效率以适应社会发展。图为包豪斯时期由制陶车间制作的陶茶壶，反映了工业革命后设计遵循机器加工工艺的适当性

适当的设计就是要以一种客观的态度对待设计的内容，充分利用优势、扬长避短、合理设计，才能符合社会发展的规律和企业的利益

3. 适当设计的分析方法

功能分析法（去除功能法、组合功能法）、材料分析法、形态与装饰法三种形式。

2.4　产品开发的功能与技术

在产品开发中，外观是基于产品的功能通过材料和工艺技术来实现的，功能与技术相辅相成密不可分。我们可以看到产品功能的实现依赖于现有的技术，而产品功能的不断扩大和需求又不断地推动技术的发展。因此，在产品专题开发设计的过程中，对产品功能及其相对应的技术的基本情况必须有一个全面的认识。

产品常用的材料有，塑胶、橡胶、金属、陶瓷等。每种材料都有其特殊的物理和化学特性。而这些特性就决定了其各自独特的成型技术和加工工艺。例如，塑料材料快速成型、开模等技术，塑料注塑成型制件会用到的超声波焊接技术，塑胶管，塑胶片或半成品制品常用的热气焊接技术等；金属的铸造，冲压，拉伸工艺；金属的表面处理，例如电镀，阳极处理，烤漆的效果等。其实，对于某一类产品来说，原材料可能是固定不变的，如何能让产品区别于同类产品给人不一样的感觉？除了优秀的外观设计外，独特精益的表面处理会让你的产品立刻脱颖而出。较为常见的表面处理工艺有喷涂、镭雕、电镀、拉丝、喷砂、阳极氧化、真热处理、激光焊模等。掌握了这些技术也就得到了产品开发的基石，关于产品的材料工艺与成型技术，早在本专业基础学习中就已经涉及相关内容的学习，但重要的是随着专业设计的需要，还需要大家在实践中不断地去认识和发现，这样才会使你在产品开发过程中游刃有余。

当然，在产品开发过程中由于现有技术的局限，也会限制我们的一些想法，但同时也会带给我们一些新的灵感。如何理解呢？我们可以通过一个事例来说明。例如一款超市安检门的设计，安检门主结构是铝型材，由于这种呈直角的线形铝型材已经是半成品，留给设计师再设计的空间局限比较大，设计师只能在型材转折处做从一个形过渡到另一个形的设计创新（如图2-19）。这样的过渡确实让人眼前一亮。但是否考虑到型材的加工呢？现有的铝型材加工工艺是没有办法一体拉伸成这样一款造型的，如果通过强制拉伸的成型工艺技术，即使达到成型的目的，也会因铝型材加工工艺的局限性而在转折处产生变形。那么面对这样的问题时我们应该如何解决？通过材料加工工艺和材料表面处理等知识的了解，设计可以回避不足而达到理想的效果。例如这款产品在实际生产中是通过这五件组装而成的（如图2-20）。

1）③塑料件，塑胶开模成型；2）④金属件，铝型材拉伸成型。为达到表面一致的外观效果，我们可以对塑胶件进行电镀。当然，我们也可不求统一，用塑胶材质与金属材质进行对比，突出该转角部分的特殊设计，也会产生不一样的效果。

由此可见，产品开发过程中，设计到实现要结合实际，反复推敲。这样做出来的东西才能真正地被市场接受。

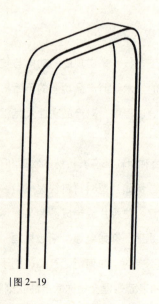

|图 2-19

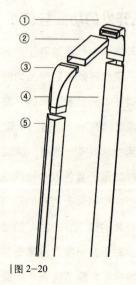

|图 2-20

2.5 专题产品设计的评价方法

针对具体的专题产品设计项目，如果仅仅凭直觉经验也是难以判断其设计优劣的。所以，设计师既要与企业沟通也要根据产品不同对象的需要，通过市场调研与产品目标的准确定位灵活地运用设计评价方法来判断设计的优劣。

设计评价方法可以通过以下几点来展开：

2.5.1 坐标法

坐标法是在产品设计的评价中按坐标的方式设定评定标准中的每一项，满分为 5 分。各项圈成的面积越大则该方案的综合评定指数越高。

2.5.2 设问法

要考虑到设计的对象、材料、工艺、成本、目的、价值、功能等方面，要包罗所有相关的问题，而且要考虑到其对环境的影响。

你可以采用自问的形式：（以手机为例）

这款手机的使用对象是谁？是商务人士、学生还是老年人？

这款手机的价格如何？是低端机、中端机还是高端机？

这款手机的功能如何？有摄像、FM、MP3 或者是包括其中的多个功能？

除了运用上述两种评价方法进行具体操作外，我们在评价一个设计的优劣时，有如下几点约定俗成的设计评价原则：

（1）创新性

任何产品都必须根据市场、文化、技术等因素的变革推出更符合时代需要的产品，来满足人们的需要，甚至引导潮流。因此，创新性十分重要。

（2）科学性

科学性是产品的物质基础，先进技术的发展是其重要的推动，它包括了合理的产品结构、完善的产品功能、优良的产品造型、先进的制造技术。

（3）社会性

包括社会道德水准和产品的功能条件是否符合国家及行业政策、标准、法规等。特别是当产品要出口到海外或销售到一些少数

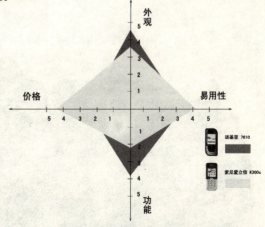

图 2-21　通过坐标法对这两款手机的设计进行分析

民族地区时，更要先了解其社会的文化、习惯和风俗等。

(4) 适用性

任何产品的设计都是为人服务的。所以，产品一定要符合人的生活习惯，要方便、和谐地让人们使用。这里，我们设计师就要系统地学习人机工程学中的一些相关知识。

2.5.3 设计评价的内容

(1) 经济方面——成本、利润、竞争潜力、投资情况、产品的附加价值、市场前景等。

(2) 技术方面——安全性、可靠性、适用性、合理性、有效性等。

(3) 社会方面——社会效益、环境效益、生活方式、资源利用等。

(4) 审美方面——造型风格、形态、色彩、时代性、功能操作的适意性、创造性和功能性等。

2.6　工业设计与市场

市场是商品交换的场所，是商品流通领域反映商品关系的总和。市场是最冷酷的，它有其自己的价值规律，不以人的意志而有所改变。所以对于企业来说无论生产什么样的产品都一定要先作好市场调查，根据市场的动向不断地调整企业产品的开发与设计的策略。

无论什么样的产品都以销售为目的，服务于市场，并受市场支配与制约。市场决定了企业规模、发展方向、管理与行销策略。工业设计师只有进行市场调查、市场预测，充分了解和认识市场，对市场进行分析研究，实现并利用好市场的交换功能、价值实现功能、供给功能、反馈功能、调节功能、服务功能，才能使设计的产品在激烈的市场竞争中得以生存。产品设计的市场定位基准可以分为两大类：一是市场推广型；二是技术推广型。这两大基准也一直贯穿于产品的开发与营销的全过程。

这里以时下流行的 MP3 举例说明：MP3 贵的有三四千，而便宜的也就一两百。其市场的推

图 2-22　市场动向是随着时间推移与社会的微妙变化着的，其消费的行为也在不断的变化，这一规律是有序可寻的。图为 20 世纪 70 年代意大利激进主义设计具有典型波普风格的家具产品。这一"反设计"的产品特征，符合当时由于严重的通货膨胀等社会问题的恶化及人们对社会强烈不满和失落形成的逆反思潮

广自然就大不一样，高端的品牌，如 IRIVER、IPOD 等绝对不会一味地通过降价来作推广，首先他们的技术先进，品质优异，有了这样的保障，然后通过代言人、推介会等来宣传，走的是高投入、高利润路线。低端的产品则是以较优秀的性价比，通过满足用户的一定需要，来进行推广的，相对来说属于薄利多销。

生产力落后和人们的消费水平处在低级阶段的时候，一般只要求产品可以满足使用功能和生理上的基本需求，实用性高于一切，而对商品的结构合理性，外观的新颖都不太追求。因此，企业对于产品的设计也仅停留在比较原始的层面上。但随着社会进步和人们消费水平的不断提高，消费者对于产品的层次与要求也在不断提升，人们更习惯了在购买产品的过程中货比三家，这使得所开发的产品之间竞争加剧。现代工业设计的蓬勃发展，就是为了

图 2-23　商场内商品琳琅满目，可见众多的商品反映了产品市场竞争的激烈

适应这一发展的需要，设计出符合市场需求的消费产品。同时，由于产品设计的内在系统和外在系统等因素的影响，工业设计师不仅仅是对产品外观造型的设计，还要在充分了解市场后能解决产品的创新问题，找到实现产品的相关技术，解决产品品牌的价值问题以及为企业创造利润等。目前，设计方面的创意产权已是企业重要的资产，企业应主动地进行设计，去引导消费趋向和树立自身的产品品牌。

工业设计可以创造出很高的附加值，越来越成为企业胜败的关键，而其中的核心是设计创意。工业产品外观设计投入与收益，日立公司方面的数据带给了我们新的思考，该公司每增加 1000 亿日元的销售收入，工业设计所占的作用就占 51%。在家电产品技术和信息技术日趋成熟的情况下，工业设计开始突显其特殊的作用。

产品设计的个性化，要求产品有针对性地面向具体的使用对象，这就是真正意义上的细分市场。作为产品专题设计的研究，市场因素对设计具有关键性的作用，因此，具体的专题产品设计之初，对市场的调研，尤其是调研产品的细分市场十分重要（参见第 1 章第 1.5 节专题型产品设计与分类）。正是由于工业设计发挥了这一作用，才使得产品既满足了消费者的要求，又使我们在丰富多彩的生活里获得了美的享受。工业设计大师清水先生曾对新锋锐设计公司建议："一是在设计之前要重视市场调查、收集大量资料。例如为客户设计电话机，就要收集所有能够获得的电话机资料，了解电话机的最新发展动向；同时要对这些已有的电话机进行分析，取其

图 2-24 清水先生的设计创意表达精练，体现了一个成熟的设计师必备的基本素养

精华，去其糟粕。二是要从心底里替企业着想，即使企业只委托公司设计产品。如有可能，也可协助企业改善整体形象，如视觉识别系统、室内环境等。甚至在设计的时候就考虑到产品的销售方式。这些额外的工作是不计报酬的，是为企业长远利益着想的。只有这样才能建立起与企业的长期紧密的关系，同时也能使设计发挥更大的作用。三是坚持高水平高价位的设计服务，杜绝低价位低水平设计服务。高水平的设计服务应该综合各种因素全面为企业服务。这种高水平高价位的设计服务刚开始时可能很难展开，但是随着这种服务对企业作用的增大，路子会越走越广的"。清水先生在大量的设计实践中积累的经验，从三个方面说明了设计必须遵循工业设计与市场的互动作用。

2.7 新产品设计的策略与价值

市场是商品交换的场所，其真正含义是既具有潜在需求，同时又具备购买力的消费人群。它通常是由一群有不同欲望和需求的消费者所组成的。市场是最冷酷的，谁设计的产品漠视它的变化，谁的产品就会被无情地淘汰，但市场又是最热情的，谁最先嗅到了即将到来的变化"气息"，并作好了相应的准备，谁就会得到丰厚的回报。无论什么样的企业，什么样的产品，都是服务于市场，受市场所支配，受市场所制约的。市场决定了企业规模，也决定了企业开发产品的发展方向和企业的管理行销策略。

如何获得市场的关键有三：如何比竞争对手的产品或服务表现得更出色？如何了解消费者的真实需求？如何在现有资源得基础上实现突破、创造性地开发新产品或新服务？

这其中消费者的需求同时包含着理性的和感性的双重诉求。理性需求主要针对的是产品或服务的功能属性、便捷性以及成本因素等。感性需求主要针对的是消费者的情感需求、生活方式、社会地位的价值诉求、文化内涵共鸣等。最终在市场的表现就是独一无二的差异性和强烈的品牌承诺。归根究底，产品也好，服务也罢只是消费者满足综合需求的载体、途径和方法。

明确了市场的真实定义，通晓了客户需求的各种内涵之后，重新来审视为什么需要开发新产品就变得一目了然了。新产品开发的核心价值，就是通过不断地产品创新和设计开发，填补消费者不停变化的需求重点和不断深入的各种精神、文化、审美需求。只要时代不断地进步、人类思想在不停地演变，对新产品的需求就不可能停止。从某种意义上说，需求的变化是一种意识形态的演进，而新产品的演进则是衡量潜在需求变化的真实尺度。

构思·策划·实现 | 033

　　市场如水,而新产品的价值如船,正所谓水能载舟亦能覆舟。一厢情愿式的创新、天马行空式的创意一旦脱离了市场需求,最终可能成为的是艺术品,而不是伟大的产品。放眼全球,数不胜数的企业犯过类似的错误,从摩托罗拉的铱星计划、微软的研究成果、google 的前沿技术都在重复着相同的错误。在产品外观设计领域,苹果公司无疑具有巨大的标杆价值,然而即使是大名鼎鼎的苹果也犯过错误、走过弯路,如图 2-25 所示。然而苹果就是苹果,在总结教训之后斯蒂夫·乔布斯开始带领大家潜心研究消费者的真正需求,在此基础上设计开发出的 iPod、iPhone 系列终以极大捕获消费者芳心而一举成功。

　　以上事例向我们清楚地验证了市场与新产品的价值是如此的密不可分。

　　新产品的价值始终是一个相对量,市场永远是产品价值衡量的参照物。然而,随着市场消费的发展,企业需要调整由被动市场细分到主动细分市场,明确开发产品在市场中的定位,实施适当的设计与营销策略是企业开发新产品创造价值的主要策略。设计师应本着客观的态度正确把握产品价值与市场这两者之间的关系,运用美的线条、形体和色彩营造合理的产品形态,才能设计出符合双方利益要求的产品。

　　细分市场可以使工业设计师的创意活动纳入较为理性的设计思维,但还有一个问题值得关注,那就是企业自身的状况,企业的规模、技术与工艺水平,生产能力、营销方式和开发投资等现状都是影响设计定位与开发的因素。如设计定位出现的工艺技术难题是否能够解决;根据企业现状,新产品开发是定位为技术推广型还是市场推广型;由于营销模式的不同,新产品应该定位什么样的产品特色等。

图 2-25　苹果两款失败的设计

图 2-26 浙江电动自行车市场一角。类似这些造型款式的车在其他销售市场随处可见，有的虽有变化也是大同小异，作为企业发展的初期阶段，其产品在设计上采用惯常的"从众定势"具有可行性高、风险小的优点，但是缺点是如果企业长期地开发此产品就会带来消极影响，人们无法形成对企业品牌的认同感

一些技术上不占优势的企业，新产品设计定位可以转而求助于开发周期较短、市场投入产出比较合算的市场推广型来定位产品设计的方法。市场推广型设计应尽可能满足现有市场和近中期市场对开发产品的普遍认同感，尤其需要对市场中同类成功产品的参考。这一开发产品的典型案例是浙江省的私有企业，他们在企业发展的初期阶段，就是沿用了这一切实可行的方法，善于利用国外现有技术，结合中国低端市场需求，结合企业自身开发能力，使得产品研发周期短，大众对产品的认同感强，性价比高从而获得了可喜的成绩。

普遍来说，新产品的导入通常是由新技术作为主要推动力的。如电灯、计算机、MP3、数码相机等新产品的出现，无不是新技术产生的结果。一项成功的新技术不仅能创造出一批全新的产品功能与形象，而且可以改变企业的产业结构并大大改变我们的生活和工作方式。

所以在新产品的开发上要随时把握有关新产品开发的最新技术，与此同时必须关注生活方式的微妙变化，研究消费者最显性和隐性的需求，特别是新产品消费的特定群体的需求，不断以独具特色的新产品引导市场以保持竞争的优势。

对于技术推广的产品设计，后来者如果希望参与这样的市场竞争，需要有更鲜明的产品设计特点，更雄厚的资金投入，更先进的技术，更可靠的质量，更低的成本，更大的宣传力度。但是，这也意味着不必支付市场开拓时期的大量宣传费用，可以韬光养晦，静观"冲锋陷阵"者的错误，以利于后来者博采众家之长，将特色鲜明的产品推向市场，成为后来居上的优势。

在新产品开发过程中的设计团队，设计师一定要养成关注市场的习惯，也要有一套相关的机制。

(1) 能够准确收集市场信息的市场研究队伍和实用有效的市场研究分析技能。
(2) 根据市场的需要掌握新产品的新技术并发展新技术。
(3) 能把市场信息和新技术相结合转化为具体的产品形态构造的设计创意队伍。
(4) 能把设计创意转化为竞争力的工程队伍。
(5) 能把上述四者有机统一在一起的指导思想、管理机制和作业程序。

工业设计师应在以上五个方面发挥创意优势。

2.8 专题产品设计的三种状态

2.8.1 生产型专题产品设计

生产型的专题产品设计强调设计与生产的紧密结合。概念设计在此阶段没有太大的市场。此阶段产品造型的改良是工业设计师的核心工作，产品结构的优化和生产成本的控制是工业设计工作中的重要问题。对于企业来说，没有太多的预算花在工业设计上，因为大部分企业都没有自己的工业设计部门，即使委托相关的工业设计公司进行设计，设计费用也相对较低。这一类产品设计就出现了这样的口号："能够方便生产的设计才是好设计"。

生产型的专题产品设计要求工业设计师具有较高的产品造型能力，并且对各种生产技术比较熟悉，能根据专题产品的特点和生产的数量决定适合的材料，并能有效地和工程师进行沟通。这种熟悉生产和具有较高产品造型适应能力的产品设计，也称之为务实型工业设计。

2.8.2 营销型工业设计

当制造业发展到一定程度后，厂家的重点会逐渐转到潜在的顾客身上。营销型的专题产品设计将同市场营销策略和活动紧密结合起来。从某种程度上来说，工业设计将成为整合营销传播（IMC）的一个环节。整合营销传播强调的是企业倾其内外之全部资源，发出统一的声音，去争取顾客。工业设计显然是其中至关重要的环节。没有好的设计，就没有好的产品；没有好的产品，整合营销传播便是"王婆卖瓜，自卖自夸"。当然，工业设计也要根据整合营销传播的基本要求，和其他资源一道，发出统一的声音。

营销型的工业设计对设计实践提出了新的要求。第一个明显的改变是先调研，后设计。在生产型设计时代，不需要有细致的调研，最多也只要求进行二手资料的调研，设计师接到任务后，翻看一些产品资料集，东拼西凑，马上构思产品的形态。营销型的专题产品设计是以用户为本，设计理念到这个阶段才得以笃行。焦点小组法（Focus Group Method）、观察法（观察生活中的用户）等方法将在实际的设计工作中普遍应用。同时工业设计师也要参与一部分的调研活动。第二个改变是单打独斗式的工业设计将不再流行，团队合作将变得至关重要。工业设计师跟市场营销人员的合作将更加频繁。工业设计师只凭借产品造形能力和设计表现能力还不行，嘴巴也要厉害，将其设计的好处说出来，让用户有充分的购买理由。因此，对于这一类专题产品的设计，设计师要有很强的协调能力，这一工业产品设计状态下的口号是："卖得好的设计才是好设计"。

2.8.3 策略型的工业设计

在自主品牌时代，设计将成为商业策略的一部分，设计策略将成为企业策略的重要部分（但对于设计策略能否成为企业战略的一部分，尚不得而知，这需要实践去检验）。设计也许能够在这一时期创造出新的商业模式，如网上售书模式。决策型工业设计师将在这一阶段涌现出来。

由于为时尚早，我们对这种策略型的工业设计在认识上尚不可能十分清晰。但是有些趋势我们是可以估计出来的。一是，产品形象识别成为可能，每个品牌都要有自己的个性，这种个性也将体现在企业的所有产品家族成员中；其二是，设计的对象会有所拓宽。中国传统向来重有形之物，轻无形之事。事与物同等重要，缩小而言，产品和服务一样值得重视。企业不光销售产品，还销售服务。既然有产品设计，为何没有服务设计？无形之事将成为未来的设计的重要对象。再将目光向远眺望，体验设计（Experience Design）也不是没有可能。其三是，设计方法上将更加强调团队合作，团队成员将来自更广阔的领域，如哲学家、心理学家、材料专家、软件专家等。这一设计模式的口号是："设计创造品牌和体验"。

2.9 设计的未来趋势

设计的未来趋势，是指根据过去的经验，衡量当前的"走向"，放眼时代潮流的趋势而对未来从事思索与探测，并提出具有前瞻性的设计。

设计总是在面向未来的创造中不断前进的，赋有历史使命感的设计师们不断地探索未来的设计方向，不断地提出革命化的设计思想，不断地构思着未来的实施方案，正是由于他们的努力，我们的生活空间才不断走向完美。

企业在其产品设计的品牌战略中，对产品开发的前瞻概念设计的研究与应用应当成为其重要的组成部分。所谓"前瞻性设计"就是以"需求为引导"，把消费视为永不满足的对象。

通过对产品技术进步、经济收入提高、生活方式演化、价值观念转移、审美潮流动向等多种因素的市场研究，探索产品发展的各种潜在可能性，预测产品发展的趋势，为企业作出充分的设计储备。其中我们设计师特别要对社会文化与技术的变革所形成的新的设计趋势，有着与常人不同的对问题的敏感性与把握能力。

如手机的发展就经历了不同的发展趋势：

（1）最早的只要求满足通话，信号是唯一的标准。

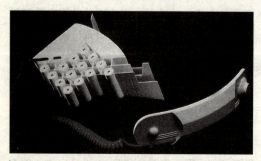

图2-27 对产品开发的前瞻性概念设计的研究与应用，是企业开发产品对未来趋势的探索，关系到企业的长远发展。图为西门子设计室进行电话机设计的探索

（2）短信功能的加入，要求按键的方便舒适。

（3）彩屏对屏幕上有了更高的要求，在外观上也越来越大，越来越细腻。

（4）现在是又了多元化的发展，有追求轻薄的，有追求游戏娱乐的，有纯商务的，可以说是百花齐放，更多注重了个性的需要。

手机发展的趋势，可以说是在不同的阶

段各种因素的不断碰撞下所形成的。如为什么短信在中国特别流行，这就与中国文化、历史有很大关联。中国人与西方人相比就比较的含蓄，所以一些不方便直接面对面说的话，就可以通过短信来传达。另外从对信号的一味追求到对个性的追求，不但体现了技术的进步，同时也反映了人们生活观念、价值观念的改变。这也说明造成未来趋势的因素很多、很复杂，要求我们设计师做好市场调查，从这些因素的细微变化中抓住产品发展的本质，进行前瞻性的设计。

当代，对于企业来说，从全球范围看，工业设计的发展也有其发展环境的七大趋势，了解这几大趋势对我们的设计有重要的意义。

(1) 强劲的经济发展势头将刺激消费，并为优秀的产品提供巨大的市场。

(2) 对消费者的需求更加关注。

(3) 针对小公司、家庭办公室以及家用电脑的设计将受到更多关注。

(4) 如何克服技术难关仍将是对设计师们的挑战。

(5) 大的分销商逐渐成为中间消费者，削减成本是他们所关心的设计焦点。

(6) 设计师们与商界结成更紧密的合作伙伴。

(7) 在亚洲和其他海外市场，机会和竞争迅速增加。

以上七大预测也说明，不同的企业也可以携手开发新产品，开拓新市场，而不是仅靠现有产品的激烈竞争来生存。这也是设计适应全球经济一体化的途径与发展趋势。

未来风格设计的特征

艺术性特征——未来风格的设计越来越讲究"艺术的品格"，设计与艺术间的距离日趋缩小，新的艺术形式的出现极易诱发新的设计观念，而新的设计观念也极易成为新艺术形式产生的契机，设计与艺术融为一体的趋势越来越明显。

科技性特征——实现设计总是受生产技术发展的束缚，一种新的材料的诞生往往对设计产生重大影响。优秀的设计师总是非常关注新的技术与材料的出现，并善于应用。

前卫性特征——当今，世界呈多元化与个性化发展并存的趋势，人们在展望未来与设计未来的时候，更多的思索是怎样以和谐的步伐保证精神文明与物质文明的同步增长？怎样使产品能够满足物质和文化双方面的功能需求？怎样使世界更好地成为符合人们生理的和心理的、科学的和美学的和谐发展的理想环境？……科技的发展，文化的交融，人类对未来充满美好想象，自由、自信和理想主义色彩的强大动力不断激发着设计师们对未来设计的创造才能，与众不同、充满前卫性的设计已成为人们追求个性，寻求自我的独特风尚。

参考课时：4 课时

课后思考：

① 自己所喜欢的设计风格及你喜欢的原因？

② 为什么市场对专题产品的设计具有重要意义？

课内练习：

① 分组讨论：20 分钟，分组对身边的一个产品运用坐标法进行评价。

② 分组讨论：20 分钟，对前 20 分钟完成的评价内容，提出可以改进和新的发想（要求以草图加文字说明的方式完成）。

设计感悟：创意是设计不变的法则
浙江理工大学艺术与设计学院副院长 潘荣教授

　　设计哲学认为，设计是不断地从肯定走向否定，螺旋式地发展，正如：密斯·凡德罗的"少就是多"；文丘里的"少令人讨厌"；新世纪提出了"少而优"的设计理念一样，创意的法则在不断优化。

　　成功的设计更在于定位最初的创意视角。然而，创意视角难于突破，如同一把椅子在很多人眼里，椅子就是椅子，视角就是这样凝固着没有办法改变。试想如果把椅子的概念转换，椅子仅是托起人的用具，那么设计思路又会发生什么样的变化？由此可见，改变视角能够产生创意，奇迹也将泉涌般产生！

第3章 产品专题设计创新的法则

3.1 设计与创造力

设计其实就是一种设想、一种运筹或者说是一种计划,它是人们为了实现某种特定的目的而进行的创造性的活动。至于创造,它则是一种以前所未有的方式或者是方法去解决问题的活动。人们在这样的过程中不断地进步,不断地超越过去的东西,从而使新的东西不断地取代旧的东西,可以说创造力是人们精神中的生命活力。

设计的本质其实就是全面系统地进行创造,要设计就必须要有极强的创造力。工业设计所强调的是一种系统全面的创新,当我们在进行一个专题性设计的时候,要认识到每个专题都有着各自不同于其他专题的特色性方面,于是这就要求我们从技术、艺术、人文、经济、生态等诸多方面考虑,如何针对它们的特色来进行设计。专题设计就应当抓住人们在一定的范围内的特殊需要,使人与环境能达到一种融洽与协调。它可能是一种大跨度的创造,亦可能是为了适应现实的小的改造;它可能是强调人与自然的和谐,从而给人们提供一个合理的消费方式,又或是倡导另一种新的生活方式。其实种种的专题性设计都可以从科学性、人文性与艺术性的交汇点上,传统与非传统的结合点上,现代与未来的关联点上进行特色性的创造。不断地在困难矛盾的处理过程中进行创造也是设计的好的着眼点。

创造力是设计的基础能力,也是动力,创造力的充分发挥将给设计带来无限的活力。

3.2 文化与认知

工业设计的发展,使得我们必须更多地去对设计与文化的关系进行思考。事实上,设计在本质、目的以及原则等诸方面都离不开文化对其的影响,文化的元素不断地渗透到设计中去,而设计又把种种的文化"气味"散发出来。

人创造了文化,文化也创造了人。设计作为人们生存与发展过程中的创造性活动,本质上也是一种文化精神的体现。文化包括了诸多方面,有全人类共有的文化,民族间各有特色的文化,时代发展过程中自然形成的各领域的文化,另外还有科学性的文化、人文性的文化和生活方式的文化等，那么作为专题设计来说也就必定有着与之相适应的一个文化范畴。专题中势必包含了其特有的文化空间，专题设计的成果则是一种专题性文化精神的充分体现。

让我们以一些专题性的设计为例。假设在一个注重功利与功能的社会里，人们变化多端、不拘一格的美好经验往往被忽视和掩盖，那么我们所设计的产品就应该以一种特殊的知觉态度去帮助人们取得一种审美的生活方式和风格。这里以洗浴产品作为专题进行探讨，我们可以感觉到洗浴已经不仅仅是沐浴文化里的范畴，而更像是休养文化中的一部分，它的设计要使得身体感觉更加轻松、美好，于是许多新型的淋浴器、桑拿设备、保健浴缸等产品应运而生。这是社会发展所产生的文化差异和新生文化的出现所带来的联系物，也是对传统的功能性工业产品的超越，它蕴涵了丰富的文化内容。

工业设计是当代文化的一种新形式，无论如何它肯定是会被打上民族文化的烙印的，那么我们又不妨以民族文化作为一个专题进行探讨。就拿我们中国悠久的文化来说，中国设计文化在明清时期以朴素、清幽、淡雅等形式展现于历史文化之中，现如今这种古老与朴素的设计观念正直接面对着现代高速发展的科学技术所带来的崭新观念的冲击。我们应该在对传统与现代文化的认知过程中，把文化

图 3-1　过去和现在的洗浴设备

图 3-2　先进时尚的电脑按摩浴缸

图 3-3　中国明清时期的家具

中的精华部分提取出来并进行有效巧妙地运用，从而设计出能体现文化气质的优秀作品。

3.3 设计的创造方法

设计就是一个创新的过程，产品创新的过程是一个提出概念，设计方案，决策新产品的过程。创新离不开创造思维，创造思维具有目的性、求异性、突变性等特征，具体表现为逻辑思维和非逻辑思维两种类型。

逻辑思维主要运用的是概念、判断、推理的思维形式，其中包括数理逻辑、归纳逻辑和演绎逻辑等，对产品创造进行程序化、量化或公式化分析。非逻辑思维又可以称为直觉思维，包括联想、创造性想象、形象思维、灵感与顿悟等多种方式，根据理性分析后的知觉材料，在头脑中重新加以组合和联想，从而形成新构思、新形象。许多重大理论的发现直接来源于这种直觉思维，比如阿基米德跳进浴缸中找到了检验金冠的方法；牛顿在休息时发现万有引力等。在整个产品创造过程中，两种思维相互结合发挥着作用。

图3-4 现代家具

创造并不是像无头苍蝇一样的到处瞎撞，它是在一定的约束和指导下进行的，也只有这样才能得到理想的效果，我们大体可以把这些约束和指导归纳为以下的十二个方面：

群体：依靠群体的智慧，相互启发，集思广益。

组合：如组合家具、组合文具架、多用笔、母子灯、多功能电视机、多功能音响等。

换元：在材料、部件、方法、方式、包装等方面的替代和交换，实现产品创新。

移植：也就是多种技术的移植嫁接或是类似异花授粉的方式，从而形成新技术、新材料、新产品、新工艺。

类比：如水陆两用工具与两栖动物、夜视装置与猫头鹰的眼睛。主要有直接类比、象征类比等方面。

还原：着重围绕产品功能进行创新。比如功能相同但技术不同，机械手表和电子手表就是个例子；火柴和打火机也是一样的道理。

综合：比如计算机是大规模的集成电路技术、计算数学和精密机械的综合；激光技术则是光学、机械和电学的技术综合。

离散：将原有产品技术进行分离，从而形成新构思。比如说隐形眼镜就是镜片与镜框分离的结果；音箱则是扬声器与收录机分离的结果。

强化：比如强力胶粘剂、强化塑料、钢化玻璃等。

逆反：突破传统形成的思维定式，进行逆反思维，从而引出新的创意。

仿形：比如鸟的翅膀与飞机的机翼、海洋生物的流线型躯体与潜艇的造型等。

迂回：当面临某个产品创新问题而束手无策的时候，可以扩大搜索的范围，从其他方面寻找启发，激发创意，解决问题。

我们把创造法则进一步的规范、具体，于是就产生了种类繁多的创造方法。从创造思维的角度来看，我们大致可以把这些方法归纳为定点法、联想法、组合法、超常法和模仿法。

3.3.1 定点法

定点法就是把要解决的问题强调突出出来，有针对性地进行创造。主要包括特性列举法、希望点列举法、缺点列举法和检核表法。

1. 特性列举法

列举现有产品的特性，一一思考，寻找改进的方案。

2. 希望点列举法

把想要设计的产品以"希望点"的理想状态的方式列举出来，然后根据主客观条件，确定设计的方向。用这种方法进行创造的时候，可以召开一个小型的会议，有针对性的发动与会者列举各种"希望点"，会后将希望点进行整理，经过分析选出若干来进行研究，我们可以把这种会议称作是动脑会议。比如做一个手机的设计，有人希望小巧，有人希望大方，有人希望待机时间长，有人希望功能齐全，有人希望外观时尚……将这些希望点集中、排序，根据希望与可能性进行新产品的设计。

3. 缺点列举法

其实缺点列举法是希望点列举法的一个变形形式。任何产品进入市场之后都会暴露出一定

图3-5 产品专业三年级学生，在专题产品"伞"的设计课程学习过程中，通过小型的会议，根据各种各样的雨伞现状，列举各种希望点和缺点，以此来获得新产品开发的设计亮点

的缺点，我们把这些需要改进的产品作为对象，把它们的缺点一一列举出来，在其中选择一个或者几个进行改进，从而创造出新的产品。雨伞的改进就是一个例子，比如传统的雨伞的手柄在中间，空间没有得到充分利用，这样我们就可以考虑设计成偏心手柄式的雨伞；传统的雨伞不方便携带，那我们可以考虑改成折叠式的；传统雨伞视线不开阔，我们可以把它做成透明的；传统伞的开关不方便，我们可以考虑把它设计成自动的等。

4. 检核表法

检核表法就是根据产品创造过程中所要解决的问题，并对市场需求、使用情况等诸多方面进行分析，确定重点要求，把有关的问题进行罗列，然后把这些问题一一提出来进行核对讨论，从而寻找到解决问题的方法。

表3-1是著名发明学家奥斯本曾经制定的一个检核表。

奥斯本检核表　　　　　　　　　　　　　　　　　表3-1

用途	有无新的用途？是否有新的使用方式？可否改变现有使用方式？	
类比	有无类比的东西？过去有无类似问题？利用类比能否产生新观念？可否模仿？能否超过？	
增加	可否增加些什么？附加些什么？提高强度、性能？加倍？放大？更长时间？更长、更高、更厚？	
减少	可否减少些什么？可否小型化？是否密集、压缩、浓缩？可否缩短、去掉、分割、减轻？	
改变	可否改变功能、形状、颜色、运动、气味、音响？是否还有其他改变的可能？	
代替	可否代替？用什么代替？还有什么别的排列？别的材料？别的成分？别的过程？别的能源？	
交换	可否变换？可否交换模式？可否变换布置顺序、操作工序？可否交换因果关系？	
颠倒	可否颠倒？可否颠倒正负、正反？可否颠倒位置、头尾、上下颠倒？可否颠倒作用？	
组合	可否重新组合？可否尝试混合、合成、配合、协调、配套？可否把物体组合？目的组合？物性组合？	

3.3.2 联想法

1. 头脑风暴法

头脑风暴法又称为是集体思维法，它是美国BBDO广告公司的奥斯本博士首先提出的一种创造方法，也是在启发创意、激发联想方面较早的一种方法。头脑风暴法的基本点是积极思考、互相启发、集思广益。一个人总避免不了受到经历、环境、知识、立场、思想方法等方面的局限，即使是一个学识渊博的人，也难免有"井蛙之见"，在科学技术飞速发展的今天，一个人很难有全方面的知识体系，集体思考、集体智慧正好可以防止个人的片面和遗漏。

头脑风暴法实施的同时，我们也可以运用前面所提到的"动脑会议"的方式，但是略有不同。在提案的过程中，规定不得评论别人的意见和观点；其他人在发言时要认真地听；安排专人记录会议期间提出的意见和观点；提倡大家畅所欲言，互相启发、取长补短，提出创新方案。这样一来，我们就可以获得更多富有成效的改进方案。

2. 哥顿法

哥顿法是美国的哥顿博士于1961年发明的一种方法，它所倡导的是一种把研究问题适当细分或者抽象化的手法，从而可以使思路更加的开阔。在研究创新时要求能海阔天空地进行联想，以激发出有价值的改进方案。

3. 替代法

替代法就是将现有产品进行要素分解，通过比较和分析，把主要的要素提取出来进行替代方案的思考与联想，从而形成新思路、新产品。当然在替代时还是有一定的原则的。首先，替代与被替代方案之间应该有高度的相似性。只有存在相似性，替代才能进行。其次，可以广泛地去选择实现目的的手段。最后，巧妙地结合现有条件要求，新产品就应该有新功能。因此，在选择替代对象的时候，要看得更远一些，不能仅仅只看到眼前的，要着重体现一些高水平的东西，比如说新的原理、新的材料，力求产品能长时间的占领市场制高点。

4. 联系链法

所谓联系链法是指由事物对象、特征，以及联想等概念、语意组成的相互联系的链。我们把要改进的对象组成同义词链，把随意选择的对象组成偶然链，把特征组成特征链并展开联想，形成广泛的联想链，然后再进行组合以获得更多的新构思。比如我们把桌子作为设计对象，那么我们首先找到一些同义词，如餐桌、工作台、电脑桌、写字台等，形成同义词链；然后我们选择一些偶然的对象，如电、电灯、按摩、网络、圆环等，形成偶然链；我们把同义词链和偶然链依次组合，于是形成了诸如电暖桌、按摩桌、圆环形工作台等新的构思，如图3-6。

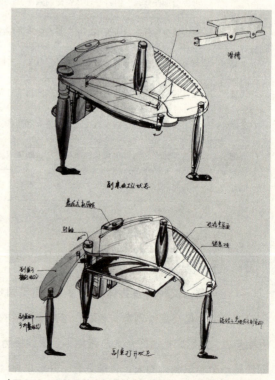

图3-6 电脑桌结合折叠技术，并根据人机使用操作的规律，则突破了传统的造型方式，形成了圆环形工作台新的构思

3.3.3 组合法

1. 技术组合法

把若干已有的发明成果和创造构思巧妙地组合和融合，使之以新的面貌、新的功能形成新的产品。在创造的过程中一方面要注意有新颖性、独特性和实用性，组合不仅仅只是机械地堆积，更不是简单地凑合，而是要形成形式新颖、技术独创、结构完整、功能协调的有机整体，另一方面，组合后的新产品技术功能应该大于组合前的各种技术功能的总和。

自从 20 世纪 80 年代以来，在所有的创新中有超过 70% 的创新都是来自于组合创新，那么如何进行组合创新呢？其实，组合创新基本有三种类型，一是成对组合，它是把两种不同技术进行组合的一种创造方法。二是内插式组合，它是以某种特定的对象为主体，通过置换或插入其他技术导致发明或革新的方法，它一般是为了使主体技术的功能发挥得更好或增加一些辅助的功能。三是辐射组合，它是以一种新技术或能使大家感兴趣的技术为中心，与一些传统的技术结合起来，形成辐射状的技术发散，从而形成多种技术创新的发明创造方法。

2. 形态分析法

所谓形态分析法就是把需要解决的问题分解成几个彼此独立但又相互联系的要素，然后把它们以网络或者矩阵的方式进行更新式的排列组合，从而产生一些解决问题的系统性方案和设想，如果能够做到对问题进行系统的分解组合，便可以大大提高创造成功的可能性。

在进行形态分析创新的过程中，应该按照以下步骤进行：

(1) 明确所要解决的问题；
(2) 确定影响给出问题的创新要素，列出各要素的所有可能形态；
(3) 将各要素及其可能形态排成矩阵形式；
(4) 从每个要素中各取出任何一个可能状态作任意组合，从而产生出解决问题的可能构思；
(5) 对这些可能构思进行分析评价，从中选出最优构思。

比如，我们现在要把方便食品进行创新开发，我们可以从包装形态、原材料、口味和年龄段等方面来进行分析，列出矩阵表格，然后进行排列组合。

在表 3-2 中，我们列出了四种包装形态、六种原材料、六种口味和四个年龄段，这样我们进行排列组合，可以得到更多的开发思路，从中我们再选出一个最佳思路。

方便食品创新分析　　　　　　　　表 3-2

类别	项目					
包装形态	长方形		正方形		碗形	筒形
原材料	普通面条	精粉面条	糯米	黑米	小米	米加绿豆
口味	排骨味	鸡汁味	牛肉味	鱼香味	麻辣味	糖醋味
年龄段	儿童		青年		中年	老年

3.3.4 超常法

所谓超常法就是指运用超常性的思维方式进行创造，可分为逆向思维法和越位思维法。

1. 逆向思维法

在人们的日常生活中，大部分的人都习惯于传统性思维也就是顺向思维，如果我们用一种逆向性的思维来代替传统的顺向思维，往往能得到出乎意料的创新效果。常见的逆向思维方式有前后逆向、功能逆向、因果逆向等。

这里我们来举几个例子吧：

比如说透明钱包的设计，在人们心中以顺向思维来考虑往往不希望让别人看见自己钱包里有多少钱，所以以往的钱包都是不透明的。但是，钱包不透明也给人们带来了很多麻烦，比如说人们在上投币公交车时，或者是打投币电话时，都需要寻找硬币，这样一来，在不透明的钱包中寻找硬币就显得非常困难，于是透明钱包的产生就显出了合理性，人们在要使用硬币的时候，钱包里到底有没有硬币，硬币到底在哪里就一目了然了。事实证明，透明钱包一经推出就非常畅销，创新是成功的。

另一个成功的例子是日本丰田公司皇冠轿车的设计。自从福特第一辆汽车问世以来，汽车的造型向来都是前高后低，丰田公司早期的产品也是如此，后来经过分析结构的利弊之后，他们发现这种前高后低的结构虽然能够使轿车昂首前进，但是阻力大、耗能高，而且造型不美观，动感不足。于是，他们在后来的皇冠轿车的设计中逐步开始采用了反常规的前低后高的结构，投入市场以后果然反映很好，消费者表示皇冠轿车的能耗低、阻力小，而且造型美观。

图3-7　1955～1995年间的丰田皇冠轿车，在逆向思维的作用下逐步从前高后低的形式转变为前低后高形式

2. 越位思维法

所谓越位思维就是强调在创造的时候，能大胆超越传统的思维模式，把自身的思维半径自由拓展，从而获得全新的构思。在越位思考时要彻底突破现有的思维模式。我们不能不注意到，人在思考的时候会无意识地沿着原有的旧思路进行发展，受到旧思维的束缚。要进行越位思维就要

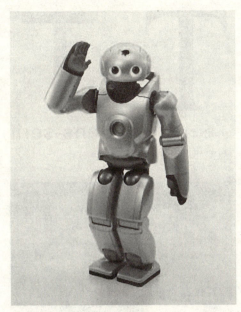

图 3-8　SONY 机器人 SDR-4X

勇敢地冲破传统，勇于从全新的角度来观察、思考、分析，只有这样才能有大的突破。另外，在获得数量很多的创造方案时，要懂得精心筛选，这样才能找到符合要求的可行方案，进而选出最优方案。

3.3.5　模仿法

其实模仿无处不在，人们通过模仿，可以启发思路、提供方法、少走弯路，有事半功倍之效。模仿创造一般有两种基本途径：一是模仿大自然中的生物；二是模仿已有的产品，在原有的成功的造型基础上，进行再设计、再创造。在人类的创造发明中有不少来自于仿生设计，人的创造来源于模仿。大自然是物质的世界，形状的天地，自然界无穷的信息传递给人类，启发了人类的智慧和才能。人们所有的建筑都源于"鸟巢"、"洞穴"；飞机的原形则是飞鸟；潜艇、轮船模仿的是鱼；机器人更是以人为原形进行制造的。

3.4　创新设计的风气

在一个设计的团体或者是群体中，应该有一个或多个设计者具有良好的爱好和习惯，这就是我们所说的设计的风气。我们要创造设计的风气是一种正面的风气，而不是负面的。许多不理想的设计是勤勉的，但却是被误导了的。比如在 20 世纪中叶，平面设计中就有着一股使用 sans-serif 无衬线字体的设计风气，这些字体的确更接近纯粹的基本字形，但是有些时候不容易辨认。设计师们应该清楚地懂得，在印刷品中 serif 字体比较容易辨认，而 sans-serif 字体则更便于在屏幕上阅读。所以不能一味地使用 sans-serif 字体，应该依情况决定，有时字母能被容易地辨认出来才是更重要的事情。

图 3-9　2008 年的奥运体育场的设计灵感来源于"鸟巢"

为什么在我们身边，设计师们很少能设计出一些原创性强的作品呢？这是因为抄袭风气的影响，特别是在进行专题性设计的时候，很多设计师往往大量抄袭同专题范围内其他已被设计出来的东西，而这些东西一旦形成潮流，他们便会一味地去追逐潮流，根本不会去考虑他们的设计是不是应该有原创性。另外，过分追求图面效果，忽视内在韵味，这使得很多人热衷于外表的模仿，形成重外轻内的风气。为什么我们觉得很多设计出来的东西不耐看，其实那就是少了一个好的设计思想、一个好的设计风气来对设计起作用，没有它们的引导，设计出来的东西往往就会缺乏原创性和务实性。

图 3-10　serif 和 sans-serif 字体

好的设计不是仅仅让人觉得好看，而是让人能够去思考，去品位。所以我们需要先创造一个好的设计风气来产生好的设计思想。而一种设计风气的形成，不可能来于一朝一夕，它需要较长时间的积累，需要有一种信念、一种激情、一份毅力和一份定力。在这样的设计风气影响下，设计者之间进行互相沟通、互相学习、互相激发创造力。

当然，我们也不一定要创造一个全新的设计风气，也许过去的一些好的设计风气我们现在仍然适用。比如德加尼罗（Deganello）在 1982 年成功设计了 Torso 多功能休闲沙发系列，这套设计最引人入胜的构思是倡议使用者参与设计，其不同的组成构件之间的多种可能的互置给使用者提供了更多功能的选择，而其明显的不对称构图和沉稳的色彩搭配更多地是受到 20 世纪 50 年代设计风气的启发。

图 3-11　德加尼罗（Deganello）和他设计的 Torso 多功能休闲沙发

3.5　亲身体验胜于虚拟想象

所谓亲身体会就是要将自己融入到真正的实际的设计创造活动中去，它和自己独自想象和虚拟的一切是截然不同的。一味地去追求虚拟与想象，只能是退出现实世界，要做一个好的设计，

图3-12 包豪斯的"车间教室"提倡了设计教育培养实际动手能力的重要性

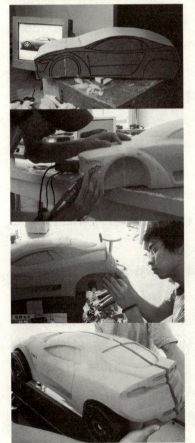

图3-13 产品设计有别于其他艺术设计就在于实现它的工程化和市场性,学习产品设计必须养成注重实践性的务实精神。图为浙江理工大学大四同学在设计过程中以实践的方式不断调整设计与完善设计的过程

设计者应当去亲身体会,换句话说,就是要以一种实践性的态度去进行设计创造。

20世纪60年代的系统设计方法运动企图把设计思维过程划分成明确的、通用的几个步骤,并把它们贯穿到设计教学的整个过程中去。年轻的设计师们从抽象开始,经过中间几个步骤的学习,就可设计出具象化的产品。许多设计研究就是采纳以上这种设计方法进行的。在涉及产品的外形时,就运用某些符号学的东西作为辅助工具;在涉及视觉选择时,就应用计算机形态语法来协助完成。

其实早在从19世纪90年代,英国就有一群教育工作者和设计师,试图把对脑的训练转移到对手的训练上去,他们所提倡的是要懂得设计就应该明白它是怎么产生的。19世纪下半叶,在英国工艺运动和莫里斯等人的学说的影响下,出现了对设计实践的重视,尤其是对坛罐类容器、金属制品、家具以及纺织品的制作工艺实践的重视。到了20世纪的1919年,在德国的魏玛建立起了一所以实践设计教育为基础的设计学院,它就是包豪斯。在这里实行的是"车间学徒制",学校里没有"老师"、"学生"的称呼,取而代之的是"师傅"、"学徒"和"技工",学生的学习和设计都是在实践中进行的。这样的设计学习方式一直延续到现在,当设计师们亲身投入到实践环节中去的时候,他们能够明确自己所设计的产品在生产的过程中将会遇到些什么问题,这些问题是否能够通过某种方式来解决。如果只是一味地进行纸上谈兵式的设计,往往所创造的东西会脱离实际状况,而所有努力只能是事倍功半。

有人认为,强调了亲身体会,注重实践性,会不会不能为设计者提供足够的机会来表达他们自己的观念,其实不然,它让设计者触及到了工业设计所面临的真正实质性问题。设计其实不仅仅是针对事物而言的,它是在一定的社会文化背景下进行的。这就意味着当代和未来的设计者除了对生产环节要进行实践了解之外,还应不受风格概念的主宰,在广阔的文化背景下,亲身去感触时代跳动的脉搏。

3.6 动脑会议的创新魅力

各种形式的设计是相通的，我们都知道广告片的创意思考是多维空间的立体思考，而不是狭窄的单向性思考。它是从多侧面、多角度、多方面探求同一事物的各个层面，去寻找创意的触燃点，这样的广告创意思考是相互激荡、相互启发的启迪式思考。做其他的设计创意时亦是这样的。

动脑会议就像是一种宗教仪式，也是一段游戏时间，这是一种借助于会议，集体动脑、互相启迪的思考方法。他通常采用会议方法针对某一议题集思广益，深入挖掘，直至挖出优秀创意来。

找到好点子的最佳方式就是先找到一堆的好点子，要开好一个动脑会议基本要注意以下几点：

（1）净空心境，使心灵肌肉得到伸展，让团体暂时抛开杂念，最好的方法是要求团体做好相关议题的事前准备与收集工作。

（2）要有针对问题的焦点，找到有切身感受的开放性主题，让参与者可以深入思考，而且答案不受限制。

（3）既然是游戏性的会议，就应该有游戏的规则，在"游戏"中要尽量敞开批评，但不过分批评，不要让发言者闭嘴，不要在中途讨论行不行、对不对之类的问题，要畅所欲言、各抒己见。

（4）把点子进行编号，同时刺激与会人员的效率，不时地强调问题焦点。

（5）把源源不绝的点子写在所有人能看到的地方，让团队能够看到进展,回顾有价值的点子，以产生综合效果，从而形成空间的记忆。

（6）要注意及时进行筑底与跳跃，因势利导时，筑底能让创意动能源源不断，讨论冷淡时跳跃可另开全新的话题以保持新的动能。

（7）最好的动脑应超越平面化，朝向立体化，对相关东西、竞争产品、别出心裁的设计、现成材料打造的概念原形进行分析，以及亲身体验现有的行为与使用情形，模拟任何可能改善产品的机会。

动脑会议参加人员通常在五人左右或者十人左右，设一位会议主持者和一名记录员。会议主持人预先一两天将议题通知与会者，会议开始后，主持人先将议题和所有相关的背景材料作详尽介绍，然后每个人开动脑筋、畅所欲言，尽可能激发大家的思路。沉默不语是不允许的，也不允许中途讨论什么该不该或者说行不行的问题。总之不过分批评、不否定，欢迎提出新想法。

大家可以尝试彻底放松、随心所欲，任思绪野马驰骋，哪怕闯到天涯海角也无妨。自由奔放，创意越突出越新奇才越有杀伤力。另外，动脑会议还要力求量大，创意量越大，挑选余地才越大，从中找出好创意的可能性也越大。这样,记录员全面地记录下来,由主持人将这些创意加以整理,去其糟粕,取其精华,做成提案。当然,在这里我们还要强调,在设计创意会议之前,务必要让与会者搞清楚产品的基本状况和设计所要达到的目的,使大家心中有数,不至于南辕北辙地乱想,浪费时间和精力。

一个设计是否能够达到一个理想的效果,可以说企划创意阶段有着决定先导性的地位。所以这样一个包括方法性问题的重要环节是非常值得注意的。

3.7 原形创造是创新的捷径

原形创造就是基于现有的或者原有的产品,进行一定的自我发挥,充分发挥创造力,从而设计出创新型的新产品,原有的设计属性为新产品的产生奠定了基础,使设计者少走了弯路,是创新的捷径。

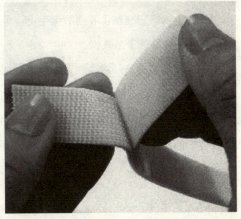

| 图 3-14 苍蝇的复眼和摄录一体机

| 图 3-15 牛蒡和尼龙搭扣

|图 3–16　苹果公司仿书包原形设计的 eMate 便携式电脑

其实，人类很早就懂得了如何去利用原形，最早的人类使用的工具其实就是人类直接利用了现有的骨头和石头制作而成的，在中国传统武术中也有不少利用了自然界中飞禽走兽的原形而创造的拳法，如猴拳、蛇拳、螳螂拳等。再有如今的飞机是利用鸟儿的原形；还有汽车以马车为原形；取暖器以火炉灶为原形。同类的与不同类的物体在种种互为原形的基础上，有着多种多样的变化与创新点，这就为创造新物带来了方便。

人类的创造根本上就是源于对原形的一种利用，也可以说是一种模仿。大自然是物质世界、形状的天地，自然界中有着无穷尽的信息传递给人类，人类的智慧和才能得到了启发。我们在对现有的事物进行观察、类比、模拟，从而得到新的成果。工业设计中常涉及仿生学，它就是模仿生物系统的原理来建造技术系统，或者是人造技术系统具有或类似于生物系统的特征，可以说它就是把生物系统中的原形运用到人造技术系统中去。仿生学中有很多类，诸如机械仿生、物理仿生、化学仿生、人体仿生、智能仿生、宇宙仿生等。有的是功能仿生，有的是形态仿生，而其中又有抽象、具体仿生之别。

摄像机就是以苍蝇的眼睛为原形，一次能拍上千张照片，牛蒡能附在狗身上，原因在于牛蒡上长的小钩把它挂在了卷曲的狗毛上，可取下，又可再钩住，经其启发之后，粘合拉开自如的尼龙搭扣被设计了出来。

其实并不一定是针对生物系统的原形才可以进行创造，同样是人造技术系统中的原形也是可以参照来进行创造的，如之前提到的汽车以马车为原形，取暖器以火炉灶为原形一样。

苹果公司工业设计部曾经推出一款学生用的便携式电脑 eMate，外壳采用半透明的塑料，而造型的创意正是以学生所用的书包作为原形设计而来的。eMate 取得了极大的成功，也预示着 iMac 的问世。

3.8 培养异花授粉的能力

异花授粉可谓是创新的法宝，它可以帮助设计者突破设计的瓶颈。

我们要学会异花授粉的方法，由此及彼、触类旁通。所谓的异花授粉本意就是指一朵花的花粉给另一植株的雌蕊授粉，在设计创造中它即指将一个系统中的元素运用到别的系统中去，与别的系统结合。各系统之间交互式的结合，得出新的设计果实，从而有了与原先不同的一种创新物的产生。多领域结合的产物必定会比单领域的产品来得丰富、生命力强、有更多的创新因素在其中。因此，锻炼异花授粉的能力对于设计者来说是势在必行且不可缺少的一环。

表 3-3 就针对一个专题案例进行分析。

表 3-3

问题	自行车选手喝水时笨手笨脚，喝水前得先用牙齿拔开管嘴，如果水壶沾满泥泞，动作就更难看
观察	细究自然界最巧妙的设计，心脏的三类瓣，三片三角形的组织负责开关心脏瓣膜
灵感	把一块橡胶片切成 X 状，喝水时只需拿起瓶子挤压一下，水就会快速喷出，当你停止挤压时，隔片会自动再度密合，把一切东西隔绝在外，瓶水可随时饮用且防止外溢，嘴巴也不会沾上可能会脏兮兮的瓶口
妙方	发现有些护士在使用光笔操控医疗仪器后，没有把线收起来和把光笔塞回盒子，而是经常为方便而随手放置。其实，光笔应该像老式的自来水笔那样需要找个笔架，自行车选手的水瓶橡胶隔片，正好可以解决光笔搁放的问题，在荧光幕上缘打个小洞，塞进橡胶隔片作为笔架，再合适不过了

从案例中我们可以发现，我们涉及了运动、生命科学和医疗仪器的操控，它们本身并没有什么直接的联系，但是设计者通过对其中的一些问题的思考、联想，在运动员的运动过程中发现问题，联想到生命科学中的心脏瓣膜开关结构，之后运用到运动员的实际问题中，产生了又一次的联想，又解决了医疗仪器操控习惯上的一个问题。不同领域的相互交叉、互通使得设计的效率和成效大大提高，不同问题可以以同一种方式来解决，一个问题也可以通过发散性、传播性的思维来获得更多的解决方式。

参考课时：4 课时

参考练习：

①自定一个文化要素（如中国的福文化），在对这个文化要素进行认知之后，做一个设计小练习。要求能够体现所认知的文化要素中的精髓，尽量多尝试用本章所介绍的创造方法来进行产品创新设计。

②利用一个空余时间，以小组的方式，亲身去生活或生产中体验一番。

③以 5~10 人为单位，分组尝试举行一次动脑会议。要求分工明确，会前要确定一个理想的话题，会上要积极发言，会后要自己总结分析。

④以个人或小组的形式，自定一个设计原形，以其为基础，做一个产品创新设计。要求尝试锻炼自身的异花授粉的能力，同时可以制作一个详细的设计计划。并把诸如亲身体验、动脑会议等内容结合其中。

名师点评："教之道、贵于专"，"教不严、师之惰"！
浙江理工大学艺术与设计学院特聘教授、浙江树人大学艺术学院工业设计系主任；
浙江省工业设计学会副理事长、秘书长 方强教授

先生柳冠中曾对我戏称："上贼船容易，下贼船难！"回顾我国工业设计 20 余年的教育现状，仍让我时时处在一种彷徨和忐忑不安的心境中，当初那些血气方刚，朝气蓬勃的年轻人对学习工业设计是多么热情，如今他们大多已是"奔5"的人了。可环视一下现实的商品市场，又有多少产品是由我们自己培养的工业设计师们设计出来的。

由此不能不使人对现有的工业设计教育产生了种种疑惑，我们的大学教育是否只注重了对文化量的表象追求，而从根本上忽略了对科技量的积累，更谈不上对文化质的思考！我们培养的是要解决问题的设计师，是能够解决具体设计问题的高手，而现实是，不管是艺术院校还是理工院校的学生都对科技普遍持排斥态度。如果我们不能在大学教会学生什么是解决产品设计问题的正确方式方法，那么，20 几年不出成果的市场怪现象就会循环——"教之道、贵于专"，"教不严、师之惰"！我想由此而产生对工业设计教学的思考是否应该值得关注！

第4章 │ 产品专题设计的难点

评价一个专题产品造型开发的设计的优劣，通常由以下几个方面来衡量，即对于设计中时尚因素的把握，功能与创意之间矛盾的协调，个性特征的塑造，语意表达的通俗易懂与人机环境界面的和谐统一等。而这几点正是我们设计过程当中的重点难点所在。

4.1 市场的审美与时尚

在你设计任何产品之前，必须首先理解人。

随着社会生产力的发展，日益丰富的物质资源及不断提高的生活水平使大众的消费观念发生了质的变化。人们在基本生活条件得到满足之后，渐渐从理性消费转向感性消费，对商品的精神功能有了更高的要求，"时尚设计"也就随之诞生了，并已成为商品宣传广告中的常用词。事实上，时尚已经成为一种生活态度或生活方式的代名词。

在这个商品空前丰富的时代，商品与消费者的关系正在发生微妙的转变，"吸引顾客兴趣" 逐渐取代 "满足顾客需要"，审美价值也有取代实用性成为产品除目的需求外的潜在趋势。这里存在着一个值得我们注意的问题：作为一名设计师怎样把握时尚的脉搏，让设计的产品始终处于时尚的前沿？

从心理接受的角度上看，一种新式样设计的产品投放市场，对消费者来说是一种具有一定强度的新刺激。被公众认可的过程，其实是消费者对它由不适应到适应，由不习惯到习惯的过程。社会群体的适应和习惯由流行

图4-1 时尚的罗技鼠标和三洋时尚电子产品。随着电子信息技术的发展与应用，对这一科技的认同感受到市场的普遍欢迎，人们也借此希望从中获得科技时尚的满足

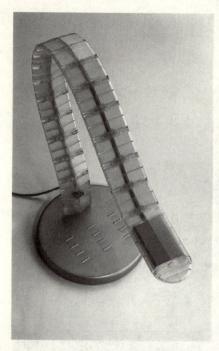

图 4-2　具有"微电子风格"的时尚灯具设计。由于微电子技术的发展和仿身设计的大量应用，为产品的功能、材料、人机功学和微型技术等设计提供了更多的可能性，也成为了一种集科技数理与人文精神结合的新的产品时尚趋势

图 4-3　国外汽车设计概念模型。随着科技发展和人们对汽车产品的科技、速度、个性等的追求，审美趋向在不断变化。为适应这个不断变化的市场，汽车生产商也不断在推出符合流行趋势要求的新设计

所致，而适应和习惯又会导致心理厌倦，厌倦正是流行时尚的"杀手"！

时尚的真正意义在于探索、追求和创新，本质在于变化，它总是呈现着最新的风格。所以时尚产品流行曲线是呈波浪式的。单从这一点看，20 世纪 50 年代美国商业性设计所采取的"有计划的商品废止制"是可行的。因为这种不断推陈出新的样式设计符合消费者的这一心理过程。这一制度的积极倡导者厄尔等人认为这是对设计的最大鞭策，是经济发展的动力，并且在自己的设计活动中实际应用它。事实也证明厄尔的设计曾一度引导时尚潮流，并促进了汽车设计的进步。但代价是社会资源的浪费和消费者权益的损害。而这正是面对当今世界能源、环境、人口危机下设计之大忌。绿色设计，非物质设计才是我们这个时代的课题。

设计师应该首当其冲成为大众趣味的引导者，设计师在一件产品大规模流行之前，就有必要思考和策划下一次的新流行时尚。这就要求设计师要认真研究消费者的真正需求。几乎所有产品的制造商都面临着同样的问题。德杰尔斯克曾指出："当工业企业在产品价格和功能完全相同的情况下展开竞争的时候，迎合消费者的趣味、爱好和流行时尚的设计就成了唯一重要的差别。"

我们称之为"时尚"的设计观念指的是对一个整体的流行趋势的把握。它已超越了单纯的实物，而涵盖了流行产业、生活态度等整体的"概念"。随着信息时代的到来，设计应更加注重人们使用产品时的感受，满足人们心理上的时尚追求，而不是产品本身物质品质的体系。正如

图4-4 为提高办公效率,办公自动化产品成为办公空间的时尚,但是追求流行时尚的设计,不能违背设计的实际功用的原则。上图中的办公产品就协调了功用的实际应用

图4-5 杭州西湖某宾馆内的吊灯设计,鲜明地表现了西湖那印日荷花碧连天的地方特征

索尼公司宣称的那样,"在你设计任何产品之前,必须首先理解人"。另一方面,过度的追逐流行时尚不仅会造成资源的浪费,而且还可能导致工业设计走入误区,最终走到设计的反面。

因此,设计师必须明确何时应该顺应流行;何时应该造就时尚;何时应该逆流而行,设计出物质与精神的完美结合的"时尚产品"。

4.2　鲜明的个性与特征

消费者追求的不仅仅是产品的功能,好的产品应该体现出其所有者的个性。

在企业里工作的人,没有不知道CI的,也就是企业形象识别系统,为了树立自己的企业形象,企业家们会不惜重金打造产品的品牌。看看这些世界著名品牌:诺基亚、IBM、西门子、可口可乐、麦当劳等,它们的品牌辉煌鲜明,在人们的心里,它们代表着科技、时尚、欢乐等。然而,这些世界重量级的企业靠的是什么征服了人们,成为它们忠实的消费者?除了管理、营销、广告,更重要的是产品设计,由于激烈竞争的需要,设计的重点不仅是在树立自身产品品质,而且也在追求自身鲜明的个性特征以求更好的市场识别。

一个好的设计,是在产品上设计出属于企业自身文化的明显特征,简单一点来讲,我们为企业设计的产品不用看其商标,仅从其整体产品风格或外观特征就可以识别出其品牌,而这些风格或外观特征正是该企业的企业文化特征和与消费者审美有机结合的体现。企业文化特征的形成并在设计中的体现,一般需要较长的时间。由于其质量等方面给人以信赖,生产的许多老

图4-6 IBM个人终端产品IBM3和IBM4。IBM的个人终端产品外观造型始终保持相对稳定的形态,给人以很强的识别感

图4-8 有时候,设计师可以抛开他人完全以自我来考虑设计,可以不考虑第三者的一切条件而随心所欲地想象。这样做出来的设计往往个性鲜明,反而会受到部分人的喜欢。因为大家都生活在差不多的社会环境中,遇到大致相同的问题,而且在生理结构方面更是相差无几。因此,正确的个性常常是大多数人所共有的

图4-7 "宝马"汽车的产品形象,无论时代怎么变换,优秀的性能和造型的特色始终引领行业的发展

产品往往给人以深刻的印象,并在人们心中形成了一种固定认可的模式,所以这就要求我们的设计要有鲜明的个性特征。

举几个例子:当我们散步在街头,一辆宝马750飞驰而过,简洁而又饱满的设计让我们感觉到一种稳重的气派,车头熟悉的标志和宽宽的后尾箱,让我们感觉到一丝霸气与尊贵……

当我们面对IBM的产品,简洁的几根直线和富有质感的深色亚光处理,让我们感觉到它的冷漠高傲与深不可测的高科技感……

这就是产品的形象给我们带来的震撼力,无论时代怎样变换,优秀的设计总是保持着、演绎着他们鲜明的风格特征,使人过目不忘、铭刻在心,影响着一代又一代人,这是工业设计的最高境界。

美国消费者在购买各种商品和服务方面总共花费了大约 6 万亿美元，其中大约 1/5 用来购买个性化或接近个性化的家庭用品。例如，色彩鲜艳的 iMac 电脑取得的巨大成功不仅挽救了苹果公司，而且还激发了戴尔公司、盖特韦公司和康柏公司的灵感，它们推出了大量造型新颖、成本较低的个人计算机。新型甲壳虫汽车几年前挽救了大众汽车的形象，并且成为促进汽车行业变革的催化剂。制造商们更加重视消费者的兴趣、爱好和欣赏了，因为他们知道不这样做人们以后就不会再购买他们的商品了。

帮助大众设计甲壳虫的 SHR 感性管理公司的创始人之一巴里·谢泼德指出："制造商们认识到，消费者追求的不仅仅是产品的功能，一件重要的产品应该体现出其所有者的个性。"

科技的发展与智能化生产使生产的投入与产出极为自动与简易，个人的需求理想很容易成为可能，信息时代的工作方式、生活方式、思维方式与过去有很大的不同，人的共性需求的满足不再是形态设计的核心。而个人与人性至上将占据人的思想观念，个人的需求或者小群体人的需求，成为设计师主要考虑的关键，共性的设计被个性的设计所替代，设计师将面对个人或团体的特殊的设计需求，以人为中心的产品设计及生产将从"以群体为中心"向"以个体的或小团体的人为中心"的趋向转移，个人的价值与尊严真正得到体现，科学技术的发展不断增进设计中以人为本的理想境界的实现。

所以，我们新时代的设计师，若想使自己的设计保持活力，不被潮流所遗弃，就要不仅尊重技术，而且还要让我们的设计尽量具有鲜明的个性特征，充分展示与众不同的一面。

4.3 功能与创意的矛盾

我们在设计中既要敢于异想天开，又要立足于现有技术。

功能，从词义上讲可以解释为功用、任务、职能、目的等。就是回答"这是干什么用的？"或"这是干什么所必须的？"这类问题。产品的功能是用户期望的目标，是产品具有的满足用户某些需要的特征，也是设计要达到的根本目的。不同产品有不同的功能。同一产品也可能同时具有多种功能，如有实用功能、美学功能、象征功能、社会功能等。

从一定意义上讲，人需要的不是产品，而是产品的功能。比方顾客买一只表，事实上他想买的并不是表这个物品，而是"计时"这个功能，如果表不能计时，不具备这一基本功能或实用功能，它就不称其为表，顾客也不会在想买表的时候去买它。

图 4-9 设计敢于异想天开，形式与功能的结合富有特色

"创意"是指使商品具备前所未有、别出心裁或与众不同的特点。成功创意的关键则是找到能打动消费者并吸引他们注意商品的特性,并通过我们的设计以一种有张力的形式告知消费者。因此,找到了商品与其消费者之间的这种特性关联,就等于找到了说服、打动、吸引消费者购买商品的好创意了。商品与消费者之间的这种特性关联,也就是"创意"。

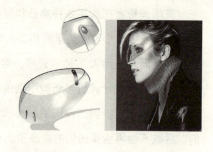

如何寻找到一个好的创意点,在满足消费者对产品功能需要的同时又能以好的创意打动消费者,并进行整合设计来调和功能与创意的矛盾呢?一般来说是没有规定的程序和办法,但是,有一些基本的环节和要素需要掌握。如果善于把这些基本环节和基本要素组合起来,往往就能提炼出一个完美的产品。

图4-10 对眼镜设计的探索令我们惊奇。如果能和谐功能与创意的矛盾,富有特色的新产品的实现完全可能

一般,从产品的品质、功能及能为消费者提供方便等要素的结合寻找设计创意,是调和功能与创意矛盾的方法之一。如海信"智能绿色环保去磁彩电"的"00"系列之所以特别受消费者的欢迎,就在于它:一是采用全方位智能去磁电路,能够消除电磁干扰,自动矫正图像色彩,使图像不变色,延长电视机的使用寿命;二是它采用新一代环保电路,彻底消除了辐射伤害,对孕妇、老人、儿童的健康起到保护作用。此创意的运用,使得"00"系列刚一上市便以其黄金般的品质、超前的功能打动了消费者的心,赢得了广大消费者的喜爱,并形成购买的热潮。

图4-11 创意泡茶球

我们在设计中既要敢于异想天开、又要立足于现有技术,所设计出的功能是企业用力跃起而又能摸得着的。在遇到创意灵感时,功能设计必须回答下列五个问题:

(1) 第一次知道这种功能,是否能紧紧抓住企业和消费者的注意力?

(2) 是否别人还没有想到和做到?

(3) 它是否属于企业尽力跃起又能摸得着的范围?

图4-12 富有创意的酒架设计紧紧抓住购买者的注意力,产品对营销可以起到促进的作用

图 4-13　科拉尼仿生茶具

图 4-14　科拉尼仿生座椅

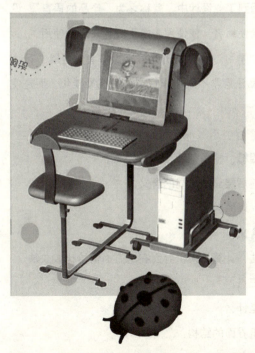

图 4-15　学生设计的"小学生电脑学习桌"。设计者联想到小学生喜爱小昆虫的心理，使设计富有生气，但设计的整体性还有待推敲

（4）它是否可以用十年以上？

（5）这个功能的性价比高不高？

一个好的功能，应该是五个肯定的回答。

设计师日常要着眼于：1）打破传统的思维定势，进行观念创新，将关注的焦点集中在当前和未来行业的产品功能上以及功能转移的方向和速度上。2）依托"旁观者"的优势。通过发现顾客潜在需求，进行产品和服务的功能设计，帮助企业成为行业的领先者，获取领先优势所带来的超额利益。

4.4　通俗易懂的语意表达

工业设计应适于人，遵循人的习惯和规律。

人是通过语言、眼神、表情和动作进行交流的，这些被称为符号。在口语交流中，人们通过语意来理解对方的含义。在视觉交流中，人们是通过表情和眼神的视觉语意象征来理解对方。而人们在操作使用机器及产品时，是通过部件的形状、颜色、质感等语意符号来理解的。新产品在使用前到能正常使用，要花费多少时间去学习？一个成功的设计应该做到尽量缩短使用者学习新产品操作方法的时间，利用产品的"视觉语言"传达给使用者，使其能熟练的使用。

不同的国家、不同的民族有不同的语言，但是由"语意学"带来的"产品语言"是没有国家、民族和语言界限的。人们依靠视觉线索去理解产品的"语意"（含义），每一种产品、每一个手柄、旋钮、把手都会"说话"，它通过结构、形状、颜色、材料、位置来象征自己的含义，"讲述"自己的操作目的和操作方法，例如一条缝隙表示"打开"，圆形表示"转动"，红色表示"危险"等。

你怎么会看出房子的门？通过它的形状、位置和结构。如果你指着一面墙说："这就是门"，没有人会相信，人们早已经把门的形状和位置以及它的含义同人们的行动目的和行动方法结合起来，这样形成的整体叫行动象征。同样，水壶、自行车、菜刀等都是行动象征。这些象征的含义是人们从小在大量的生活经验中学习积累起来的，这是每个人的知识财富，设计者应当把这些东西的象征含义用在机器、工具、产品设计中，使用户一看就明白，不需要花费大量精力重新学习。换言之，产品的目的和操作方法应当不言自明，不需要人去解释。怎么才能在人机界面设计中实现这一目标呢？产品语意学认为：通过人们已经熟悉的形状、颜色、材料、位置的组合来表示操作，并使它的操作过程符合人的行动特点。

前些年，日本的电子产品风靡中国大陆，以耐用、小巧而著称，但是当人们冷静的思考时，却发现一些按键与旋钮给人的视觉诱导不清晰，要看一些日文或英文的说明书，甚至有些按键与旋钮至今尚没有使用和尝试过，有很多人曾经告诉我，他们的音响设备不能全部开发和使用。今天 AIW 和 SONY 产品从随身听到台式音响都非常注重"产品语言"的传递，设计简洁，使用方便。

著名工业设计师科拉尼在设计中强调仿生学，他认为产品的设计应符合大自然对其的要求，一改那种呆板的、冷漠的、单一的设计，使人在使用中产生亲切感。也就是说，工业设计应适合于人，遵循人的习惯和规律，这种将语意学运用到工业设计中，就称之为"产品的语言"。设计师将这种语言运用于产品中，并通过产品传达给使用者，使使用者能正确和安全的使用。

产品语意学的口号是"使机器容易懂"，减少学习过程，使机器符合操作者的经验、行为特点和操作想象，从而也能够减少操作出错。产品语意学不是用来使产品性能最佳化，而是使产品和机器适应人的视觉理解和操作过程。

设计中应当提供五种语意表达：

(1) 人的感官对形状含义的经验。硬、软、粗糙、棱角有什么含义；

(2) 方向含义，物体之间的相互位置，上下前后层面的布局的含义；

(3) 状态的含义，包括静止、关闭、锁、站、躺的含义；

(4) 比较判断的含义，轻重、高低、宽窄的含义；

(5) 操作，设计应当提供各种操作过程的方法，计算机人机界面在这方面恰恰比较欠缺。

我们在进行设计的过程中应该尽量做到以下三点：

(1) 不言自明，使产品能够立即被认出来它是什么；

(2) 语意适当，采用易懂的操作过程构成人机界面的结构；

(3) 自教自学，使用户能够自然掌握操作方法。

总而言之，设计应以人为中心，而不应当以机器功能为出发点，产品应当自己会"说话"，

图 4-16 现代汽车内部空间的系统设计指标越来越成为消费者驾乘舒适度的衡量标准,要符合人们满意的舒适度首先是设计合理的人机界面。可见人机工学在现代设计中的应用是何等重要

告诉用户它有什么功能、怎么操作,通过其通俗易懂的表达方式达到与消费者和使用者相交流的目的。

4.5 和谐的人机环境界面

提倡设计产品的同时要研究人、机、环境之间相互关系的规律、作用等问题。

现代工业设计是在科学技术发展过程中,由多门科学相互交叉、综合、渗透并与艺术结合重构而形成的,是交叉科学领域的一门重要学科。它的根本目的是通过设计提示人、机、环境、社会等要素之间相互关系的规律,从而确保人——机——环境系统的总体性能的最优化,实现从"为物质满足而设计"到"适应生存而设计"的转变。

现代工业设计的人机工程系统研究,提倡设计产品的同时要研究人、机、环境之间相互关系的规律、作用等问题,从系统的视角进行设计,从而达到人、机、环境界面的和谐。它主要是研究工程技术与工业产品使用功能和审美设计如何与人体的各种特点和需求相适应,与人的生理、心理结构相适应,与人的生理运动和心理运动的内在逻辑相适应,不仅使人和物组成的整个人——机——环境系统动态平衡、协调和一致,而且能使人获得生理上的舒适感和心理上的愉悦感,从而以最少、最小、最低的代价赢得最多、最大、最高的工作效率和经济效益。

例如在汽车设计中,驾驶者属于人方面的因素;汽车属于机器方面的因素;公路、交通标志等则属于环境因素。人在驾驶汽车时要根据公路旁边的标志情况和路面状况操纵汽车。这时，人与环境中的标志发生了关系。当人握驾驶盘、踩刹车或油门踏板，人又与机器产生了关系，会产生"握的界面""踏的界面"等。而人观察仪表和反光镜时又产生了"看的界面"。在这一整套系统中，有一个环节设计不周全，就会影响安全驾驶和快乐驾驶。因此，如何将这些界面设计的合理，如何将机器设计的能让人便于操作和乐于操作，使驾驶员、汽车、交通这一人——机——环境界面系统设计得合理是我们进行设计中一个不可忽略的关键点所在。

现代工业设计是革新和创造，是人们从需要到产生思想再把这种思想变成现实的过程。它用系统的思想和方法把原理、概念、思维模式，直到材料、工艺、结构、形态、色彩以及经营机制、管理模式都在一个最关键的核心——特定的人群及特定的环境和条件下的需要中去重构。

由此可知，我们的设计，不只是注重产品外形及表面质量的美观，还需注意与产品结构和功能的关系，同时必须满足生产者和使用者的要求，即达到方便人、物、环境协调的人机关系。

4.6　产品开发与营销策划

众所周知，营销的核心要义就是发现需求、实现需求、影响购买的一系列活动总和。产品作为企业与消费者之间的价值媒介，是实现顾客需求的最基本载体。由此我们发现了一个非常基本却一直被忽略的事实：营销规划必须为先导，而新产品开发必须以营销为中心而展开。然而在中国，往往是有了新产品之后再去考虑营销规划，其本质还是推销的概念。新产品的设计一旦脱离了客户需求，其设计理念和元素的针对性、创意与创新价值也就成了空谈。

一般来说，完整的新产品开发步骤包含八大步骤，如图4-17所示。

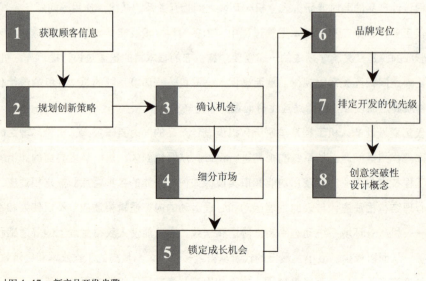

图4-17　新产品开发步骤

新产品开发完成以后，如何影响消费者的需求值得我们重视。许多企业和个人都信奉"酒香不怕巷子深"，然而事实真的如此吗？在中国，每一位民众平均每天接收到 2600 条广告信息，城市居民平均每人每天的广告接触时间是 13 分钟，面对的产品更是多达 80 万～100 万个。在浩海般的选择面前，消费者大脑中的心智记忆却是非常有限的。著名的品牌定位专家特劳特曾给出了他的研究成果，消费者对日常品类能够记忆的品牌不超过 7 个。成熟的产品（品牌）尚且如此，新开发的产品又将如何呢？如今的商战早已步入了精准营销时代。没有充分满足客户需求的产品肯定难有立足之地，然而有了好产品却不能被消费者认可依然会举步维艰。

那么，在新产品设计完成之后，哪些市场推广工作应该着手展开呢？首先，需要将设计元素提炼成卖点或核心诉求。其次，创意产品系列名称，力求达到与设计理念的初衷一脉相承。再次，挖掘设计理念和设计元素的文化、人文内涵，将其融入产品的品牌精神之中。最后，选择最恰当的时间、方式、手法将新产品呈现给消费者，最终获取消费者的感知与认可（甚至产生浓厚兴致）。三星的手机一直以外观设计而著称，总设计师黄昌焕 20 年来一直坚持走前沿时尚、个性路线。然而相比于 Apple 的 iPhone、甚至后起之秀 Google 的 G1 手机，无论是影响力还是销售业绩都要逊色不少。一方面三星手机产品系列的命名依然以单字母（B、F、S 等）加数字型号来命名，而苹果和谷歌的命名明显更富有个性内涵象征；另一方面三星手机新款发布的手机过于程式化、专业化，而苹果和谷歌的新品造势要更具时尚色彩和精心策划。如此一来，专业做手机的三星尽管外观设计并不次于苹果和谷歌，但新产品的影响和业绩却一直无法与苹果、谷歌相提并论。

参考课时：2 学时

参考习题：

①通过查阅有关资料或网站，就几种时尚产品对其设计的优劣及时尚流行因素的把握进行整体评价，理解时尚在设计中的作用。

②通过对某一品牌或企业的系列产品的综合分析，及与其他同类产品的比较，理解产品识别的概念，对设计中产品个性的体现有所了解。

快题概念设计：设计一款具有个人标识性的时尚产品。

评价点：时尚性、创意性、自我的个性体现、准确的语意表达、合理的人机界面。

名师点评：设计的人文精神

教育部工业设计专业教学指导委员会委员
浙江大学工业设计系主任　许喜华　教授

  所谓人文精神，就是以人为一切价值的出发点，以人的尺度、标准衡量一切价值的精神。
  设计的本质，既非艺术的创造，也非技术的实践。设计在表象上得到设计的结果（如产品），而在本质上则是设计结果（产品）对人需求的回应与满足。作为设计的起点时的设计原则——人的需求，与在设计终点时对设计的评价——满足人的需求的程度，其实都使用了一个尺度，即人的需求。由此，设计的本质与目的与人的需求、与人文精神紧紧相连。缺失人文精神的设计必定是异化的设计，异化的设计导致设计走向服务于人的反面。
  因而，对设计意义的研究实际上就是对人的研究，是对人自身特征及人的生存方式与不断发展着的需求的研究。

第5章 | 产品专题设计的步骤与方法

现代企业的发展从以生产为中心的机械时代、以消费为中心的市场经济时代，进入了信息时代。产品设计在企业进入市场经济时代后，就开始初露端倪。在电子工业兴起的信息时代，产品设计越来越受到企业的重视。新产品的研发能力与速度已成为企业不可忽视的竞争力。

新产品的设计开发，无论是在老产品的基础上进行改良还是全新产品的开发，长期以来的设计实践中人们总结出一些较为合理的产品设计开发流程，大致分为以下七步：即提出设计、制定计划、设计准备、设计定位、具体设计展开、方案的传达和市场推广等。

针对具体的或更为实际的专题产品而言，其特点是始终需要把握产品的两个要点即企业和市场两者的和谐。一方面，新产品设计通常建立在企业自身结构与开发能力的基础上，才能调动产品开发的动力与实现产品的可能；另一方面，新产品设计应本着以市场决定产品供求关系的原则进行开发，才会使设计的产品有存在的理由和生命，由此可见专题产品的设计与开发具有非常现实的意义和很强的功利性。因此，对设计师而言，由于受设计的专题产品不同，企业不同和设计祈求的目标不同等因素的影响，在具体设计的过程中需要根据产品各自的特性和特点抓重点找突破，以产品设计开发的一般流程为基础，始终把握实际产品开发的两个要点（企业和市场的和谐关系），并围绕这两个要点深入细致地展开的一整套设计活动。

优秀的设计师善于在企业和市场之间找到产品设计的平衡点，产品的设计开发也只有建立在企业和市场良好互动基础上，并发挥设计师深入体察市场动向，把握市场脉搏，契合流行趋势等与众不同的创新优势，加上科学合理地应用产品设计的开发流程，才能促进新产品设计开发可能获得成功。

5.1 提出设计

新产品的研发，无论是改良产品设计还是开发新产品设计，大部分企业的决策部门都已有了自己的目的、意图和方向。因此，作为一个设计师，无论是企业内部的驻厂设计师，还是企业外部的自由设计师，从初期就需要与企业保持紧密的合作和信息的互通。因为，只有这样良好的互动，

才能使设计师更明确企业想要什么。在专题性产品的设计之初,设计师与企业的互动包括:

5.1.1 设计师与企业良好的沟通

设计师只有明确了企业开发新产品的目的、意图和方向后,才能制定出准确的设计目标,做出有针对性的设计方案。作为驻厂设计师,必须与企业的主管部门、技术部门和销售部门等人员进行探讨、交流,以明确设计目标。作为自由设计师,可以通过座谈的方式,与企业的相关部门人员沟通,了解企业情况及其设计意图、方向,从而制定设计目标。

企业向设计师提供有关产品的基本概况,其中包括产品的样机、使用方式、工作原理、基本装配、开发意图、目标客户群等。同时设计师须对企业本身所具备的条件、生产能力和未来可达到的生产技术能力有一个基本的了解,这样可以避免在设计中出现一些超出其生产能力的方案,致使设计失败,时间延误。设计师也需要企业了解他的设计能力和业务范围,其中主要包括:设计师的能力、能为企业提供多少服务、及相关的费用预算等。双方只有在相互信任和共同努力的基础上,才能使新产品的开发顺利进行。

在信息多元化的时代背景下,产品设计已成为一个复杂的系统工程,任何设计师都不可能独立的完成产品设计任务,企业也需要新鲜血液注入到企业的发展中,同时驻厂设计师也需要新的创新思维融入到产品的设计中。因此驻厂设计师和自由设计师的协作可以进一步提升产品的品质,驻厂设计师可以用自己对自身企业产品的了解从产品设计层面为自由设计师提供专业性的帮助,从而进一步提高新产品的可行性,而自由设计师可以以不同于驻厂设计师对其自身产品惯性认知的视角,为产品注入新的设计风格。

5.1.2 企业为设计师提供该产品详细的产品说明,并提出设计的要求

(1)所需提供的产品详细说明包括:

1)产品的名称和用途;

2)产品使用方式的详细说明和产品的功能示意图,如产品上各功能键的用途、开关、显示器、指示灯、电源和各种接口的位置、操作方式和顺序等;

3)产品的使用环境,使用中的注意事项;

4)市场中同类产品的情况,同类产品的图片;

5)产品未来的生产技术条件、制造工艺;

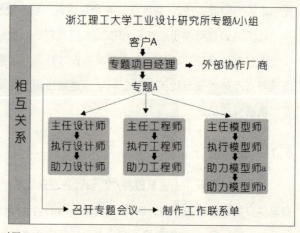

图5-1

6）新产品的目标客户群，以及企业开发所要达到的市场目标等。

(2) 所提出的设计要求包括：

1）创意说明；

2）草图、效果图尺寸；

3）是否加上公司标志等其他相关内容。

5.1.3 企业提供相应的产品实物，外部结构及机械内部结构信息

如果企业能够提供该产品的实体样机，这将为设计师提供极大的便利，减少前期单纯凭借对平面图形的认知而产生的误差和时间上的浪费，并且在设计师切身感受产品的过程中能产生更多新的灵感。这在该产品的人机界面设计中更为重要。

5.1.4 设计部门所做的准备

设计师是专题产品的设计开发的关键者，但他也不是孤军奋战，而是与其他相关人员共同合作，并且在设计开发过程中起着主导和掌控全局的作用。因此，参与专题产品设计开发的除了工业设计师还有工程技术人员和模型制作人员等，他们各自的职责与相互关系如图5-1。

5.2 制定计划

与国外的产品设计开发有所不同的是，国内的产品开发周期大多比较短。因此，设计师就极有必要与企业协调后确定设计周期，制定设计计划。

明确的设计计划能让企业明白工业设计师在设计过程中需要经历的复杂过程，让他们真正理解设计的价值决不仅仅是一张效果图而已。不但如此，对设计师而言，明确了设计安排能使整个设计工作有质有序的展开，并且在多个项目并行时有个良好的时间参照依据。制定计划还有利于人员的安排，把每项设计工作落实到设计小组和个人。

在设计计划的制定中，针对某个专题产品的开发，它的设计计划包括：设计项目名称、负责人员、设计人员、时间安排、备注等。其中时间安排又包括：市场调研、创意方案设计（第一轮）、第一轮方案评审、对选定的创意方案深入设计（第二轮）、第二轮方案审核、手板样机制作等。

	时间	内容	人员安排	备注
时间安排表	6/6～8	市场调研		
	9～10	创意方案设计（第一轮）		
	11～12	■■		
	13～16	创意方案设计（第一轮）		
	17	第一轮方案评审		
	18～19	■■		
	20～23	创意方案深入设计（第二轮）		
	24	第二轮方案评审		
	25～26	■■		
	27～30	手板样机制作		
	1/7	设计报告		
	2～3	■■		
	4	设计报告		

图5-2 专题设计计划进度表

以上主要是以工业设计师的工作安排为主,但工业设计师所要负责的不仅是这些,在工程图制作时,工业设计师需要不断与结构设计师交流,做好交接工作,并且在产品销售以前的包装、说明书、展览展示及宣传、推广计划中也需要发挥自己的智慧。

制定计划可以帮助确保产品开发的进程,让每一个设计人员都清楚整个设计的基本安排,明确各自的分工,以便充分配合小组其他成员的工作。产品设计不是份单打独斗的工作,团队合作是设计获得成功的关键之一。而设计计划的制定正是为产品设计开发的顺利进行做好前期充分的准备。时间安排必须随时修正,但要在如期达到目标的前提下调整。如图5-2 专题设计计划进度表。

5.3 设计准备

设计的准备阶段也叫酝酿阶段。在企业提出设计、计划制定过程中设计师已对将要设计的产品有了一个大致的了解,而真正进入设计阶段还需要一个准备阶段。

设计的准备阶段包括:

(1) 对专题产品的认知;

(2) 分析、收集国内外同类产品的市场信息;

(3) 分析其设计思路与风格、材料与工艺手段、成本与利润、发展动向与趋势,确定产品设计的方向;

(4) 进一步了解分析产品的功能、性能、使用方法、标准、技术要求、造型状况以及现有的和可能获得的材料、工艺手段和工艺实际效果;

(5) 向销售部门和销售员了解这类产品销售情况和消费者的愿望与要求。

产品最终是要推向市场的,消费者的认可与否直接影响到设计开发的结果。因此了解消费者的喜好,如不同地域的风俗人情,不同年龄的人的生活习惯,对产品质量、使用方法、色彩搭配和外观造型的不同看法等就显得极为重要,因此这就需要在设计准备阶段对市场进行调查。这些市场信息将在产品设计中有助于设计师更好的把握消费者的心态和需求,从而设计出令消费者满意的产品。

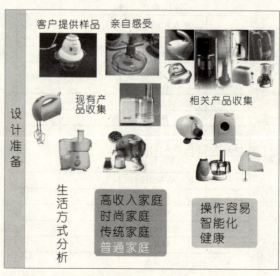

图5-3 某公司厨房小家电绞肉机的设计开发时的调查资料

专题产品的开发，作为一项长期的开发任务，对市场的跟踪性调查是极为重要的。在了解与产品直接相关的一切现有信息的同时，对于该专题产品有关的非直接信息和潜在的信息的收集也是很重要的。只有在对该专题产品非常熟悉的基础上，对它的前瞻性预测才是更可靠和有效的。

由于市场调查本身就是个相当复杂的体系，因此本章的最后一节将介绍如何进行和展开市场调查，可做参考学习。

5.4　设计定位

对企业而言，设计定位是在产品开发过程中，运用商业化的思维，分析市场需求，为新产品的设计方式、方法设定一个恰当的方向，以使新产品在未来的市场上具有竞争力。企业的设计定位一般包括品牌定位、产品定位、消费者定位。

作为设计师，在专题产品开发中，通过前期大量的资料收集与分析，在对企业目前的能力和未来可能的生产条件的了解的基础上，把从中发现的需要解决和可能解决的问题与其各种因素，通过归纳和分析找出主要问题和市场主本质，根据目前主要待解决的问题、因素进行设计定位。同时，这种定位也是在企业和消费市场间寻求一个最佳的结合点。

细致准确的设计定位，能帮助设计人员在设计过程中，将注意力集中作用在最重要的问题上，并且还能为设计过程指明方向，少走弯路。设计师在设计中常用的设计定位有：按使用人群的不同、按使用的地点的不同，同类品牌市场竞争的差异化等进行新产品开发定位。

新产品定位了，开发的目标也就明确了，根据设计定位，设计师可以凭借自身的修养与对该专题产品知识、市场知识的了解，对设计所要达到的目标进行设想。通过反复的思考和酝酿，最后将一个总的想法确定下来，这就为目标设计确定了方向。

确定目标很重要，如同做文章，写什么是事先决定的，如果不确定题目，就无法进行工作。在设计中也是如此，如果不清楚要解决的问题，要达到的目的，设计的展开就无从下手。设计的展开是以既定的设计目标而进行的，但在设计的展开的过程中往往会出现与设计目标不相吻合的情况，这就需要我们设计师根据不同的实际情况所反馈的信息作出相应的变动，不断的修正我们的设计目标，在这里我们将设计目标分为科学目标和艺术设计目标，以作为我们在制定设计目标时的参考。

科学设计的目标就是：

①考虑目标人群的消费心理和使用行为特征；

②充分考虑目标人群的价值观属性特征；

③分析每种设计元素带给消费者的各种相关联想（正负两面）；

④每种设计元素是否与品牌定位符合,产品系列的差异性和延展性;

⑤考虑每项设计的成本与消费者的接受程度。

艺术设计的目标就是:

①创新的设计元素是否能很好地与功能、行为和心理做到融合一体;

②产品系列和设计理念是否与品牌的定位做到了相得益彰;

③创意的设计元素是否完全摆脱了同质化竞争的泥潭而另辟蹊径;

④产品设计是否能成为新的消费潮流并做到引领趋势。

科学的分析作为产品设计的起点,涉及方方面面,但分析的思维却是彼此相通的。表 5-1 是为大家列举最为通用、同时也是最为有效的思考方法路径。

表 5-1

	传统市场、传统顾客	新市场、新顾客
新需求、新服务	设计的创新产品应该关注延伸性或互动性需求,能在功能或感性上有突破	设计的新产品应关注全新的需求和机遇。要能协助顾客获得全新的感受和服务
传统需求、传统服务	设计的新产品应关注对现有需求纵深化提升,用更细致完美和人性化突出不同	将原有产品放置于新市场应用背景下,创新改变消费习惯的新产品

我们可以通过以下几个方面来合理的完成我们的设计目标:

5.4.1 细致完美地完成传统需求

据统计,超过 80% 的企业创新设计都是在现有顾客的基础上进行提升。在创新的过程中,首先应该关注的是企业顾客有哪些潜在的需求或是未被充分满足的需求,设计师应当从更便捷、更安全、更人性化的思路原点去做发散性的创新。牧田公司(Makita)生产的圆锯,吉列首推的三层刀片、感应刮胡刀都是将重心摆在了对原有任务的完美提升上。

5.4.2 关注延伸性、互补性需求

随着产品的不断创新发展,产品的技术性和功能性已放置于次要的位置使一味的纵深化需求延伸变得逐渐乏力,而许多优秀的设计师早已在横向的延伸性和互补性方面进行创意,从关注用户的使用习惯、相关行为入手,往往能发现某些功能一旦被创新化融入原有产品,将极大地增加产品的黏性,从而使更多的用户关注产品与自己的互动性,即交互式设计已显得越来越重要。苹果的 iPod MP3 可以让顾客随时欣赏音乐,但其真正的吸引力却是在音乐购买、剪辑音乐档案、分享歌曲等功能。而这些创新的增值服务很好的增强了产品与用户之间的互动性,从而进一步刺激了消费者的购买力。

5.4.3 让产品在新市场中发挥威力

在很多情况下,有不少的顾客具有特定的个人需求,但由于种种原因却始终无法达成。其

主要是产品的成本过高从而使销售价格超出了消费者购买能力，或者是产品的使用价值并未达到消费者的预期目标，增大了产品的销售难度。这对我们设计师来说不得不在产品设计之初就必须做好产品所选用的材料、加工工艺、模具等方面的预算工作，以较合理成本设计出让消费者喜欢的好产品，使产品和消费者达到最大的匹配关系，这样才能让新产品在市场中发挥威力。比如以前的血糖检测都必须在医院并由医生来完成测量。强生公司旗下的 LifeScan 进入保健市场之后，通过对需求的研究、销售推广中遇到的障碍分析，个人血糖测量仪随之而诞生。便捷的使用方法和一目了然的指标设置，很快成为许多人的第一选择。

5.4.4 关注全新的需求机遇

对一个有着长远眼光的设计师而言，往往对这种策略情有独钟。一旦成功实施，产品往往具有革命性的号召力和商业价值。然而风险也是显而易见的，既然是全新的概念，因此对其价值的认可度、对产品定价的接受度都考验着企业的勇气。没有系统科学的调查和伟大的灵感，这种模式带给企业的危害也将是灾难性的。2009年1月，苹果公司官方宣布将推出革

图 5-4 苹果未来的旗舰产品 iTouch

命性产品 iTouch Tablet。发言人声称乔布斯也将亲自督战 iTouch 的研发与设计，见图 5-4。

9.7 英寸的 iTouch 被视为苹果的新旗舰产品，其集游戏、新闻、娱乐、社交等功能于一身，我们不难看出新技术、新材料、新需求的发展都为我们设计师在设计定位阶段提供了创新方向。

5.5 设计展开

具体设计展开是以分析阶段、综合阶段导出的待解决问题的轮廓为基础，经过发展、变换，转化成具体形态的过程。此过程中，设计人员将重新组织系统，捕捉满意的解决方案。其主要手段是形象草图、设计草图、示意图、草模型等。这个阶段是设计师的想象力最为活跃的时期，他们依靠自己的独创力，在头脑中想象着各种形象，以达到设计轮廓的要求。在展开设计的过程中，可以灵活运用头脑风暴法、检查提问法、类比法、输入输出法和形态分析等方法。

具体设计过程的展开可以分为以下步骤。

5.5.1 概念阶段

(1) 提出概念、创意和设想（构想草图），完善并改进创意。

方案创意是对所开发的新产品的构思或设想。其内容包括产品的基本功能、大致轮廓和制造方式等，据以探索开发新产品的方向和途径。常见的方法有：产品属性列举法、类比法、组合法、转换法、联想法等。设计师捕捉瞬间即逝的构思，充分表达对产品的构思与想法，从各个侧面绘制大量的草图，如图5-5。

2D、3D效果图是从大量草图中确定比较好的几个方案绘制单色的或者有色的立体效果图。通过手绘或计算机辅助设计（二维和三维软件）绘制效果图，把产品完成后的外部基本（不包括局部细节）的立体形态效果用图形表现出来。

图5-5 设计草图

不确定部分可以通过做概念模型来搞清楚复杂的立体关系。

（2）第一轮方案评审是企业与设计师对首批方案进行会审。在会审过程中，双方需要积极交流，在交流中寻求最佳的切合点，也就是市场与企业的切合点。

（3）制作具体的工程设计图纸和概念模型，主要体现在以下三个方面：

1) 设计分析深入——进一步验证设计目标；

2) 3D设计模型——进一步检验外观形态的美感；

3) 外观最终方案——概念方案初步评审定型；

4) 选择材料，拟定生产工艺和技术结构。

例如：浙江理工大学工业设计研究所，针对不同专题在设计展开阶段绘制的手绘草图，2D和3D效果图。如图5-6～图5-9。

|图 5-6　计算机平面软件绘制的设计效果图

|图 5-7　计算机三维软件绘制的设计效果图

|图 5-8　计算机三维软件绘制的专题产品设计效果图

5.5.2 方案确定

设计师对其创意的可行性加以论证，并通过优化，协调该产品在外观、颜色、细节、特性以及功能等方面的关系，从而使该创意更具可操作性。

（1）第二轮方案审核——将修改后的产品设计方案，再一次进行会审。第二轮方案审核与第一次审核侧重有所不同，对生产工艺技术的论证更加重视。

（2）动画设计——可以应用三维动画演示的方式，推敲论证产品的形态、色彩搭配和使用功能等，模拟产品方案的实际效果。

（3）制图与模型——绘制产品实际尺寸，完成外观模型以及概念设计原型的制作，感受设计效果从视觉到触觉的体验，完善设计细节。

（4）运用三维辅助设计完成具体的工作（设计工程化），制造出样品。

组织结构	产品设计部	主要软件
	创意发想 概念提炼 电脑辅助工业设计 油泥模型制作 色彩/图案设计	3DMAX Adobe Photoshop Rhino CorelDraw Proengineer
	工程技术部	主要软硬件
	布局检查 CAD/CAM、快速成型 NC加工编程 数控加工 结构设计	数控机床 快速成型机 扫描系统
	模型制作部	主要设备
	功能模型 基准模型、缩水模型 检、夹具 玻璃钢模型、油土模型 ABS模型	坐标测量机 (3m×3m×3m…)

图5-9 上图是各个阶段设计人员组织结构的基本情况

图5-10 某公司所做的控制器模型

图5-11 某企业产品的生产线。工业设计师的方案表达，需要了解企业的生产技术背景，否则设计的产品脱离企业实际，既可能导致企业原有生产设备闲置而使生产设备的利用率降低，又因为新产品生产需要新的设备投入而使开发的成本提高，衰减了新产品在价格竞争上的优势

(5) 用户试用检验——通过试制的少量样品（或仿真模型）投放到目标市场给消费者使用，反馈的信息将作为新产品批量生产前方案调整的参考依据。

5.5.3 方案综合研究

所谓方案综合研究是指对设计决策阶段所指出的事项，根据设计目标，设计师进行进一步的分析与研究。这种分析研究不是停留在模型阶段，而是做出实物样机进行各种试验，并模拟工作状态。经过反复试验，生产部门就开始预备生产，销售部门准备试销。在这个过程中，设计师也要积极参与产品试销的工作，为销售人员解释新产品的特点、收集消费者的使用信息和反馈意见等，以在正式生产前作最后的调整。

5.5.4 方案评价

在评价阶段中，方案是通过试销、试用的手段，由消费者和使用者对产品进行评判。设计师和企业要从收集的试用方案的资料中，寻找使用上的缺点，查漏补缺再进行正式生产销售。

5.6 方案传达

通过评价阶段，设计工作基本完成。但是，要使设计方案投入生产，设计师必须运用传达技术，以使设计表现清晰、完整。因为设计的产品是由设计者之外的人进行制造的。而生产活动是企业中各个部门的事情，所以要让整个企业都充分了解设计方案。因此就必须有设计图、效果图、模型乃至样机来表达设计。为了让制造部门、技术开发人员、制造计划人员、经营部门和商业部门更好的理解设计意图，把好产品设计质量关，设计师还必须传达下列信息：设计所考虑的使用场所、使用对象、产品销售范围、使用时间等。

方案的传达主要包括：结构初步方案、外形工艺修正、3D结构设计、图纸结构验证等。

5.7 市场推广

当产品投入大批量生产、销售时，产品的设计人员也应在产品的市场推广中贡献他们的智慧。在这期间，设计人员与销售人员一起制定销售计划，设计人员的参与，能够使销售人员在推销产品时能更明确地向消费者介绍产品，使消费者更清晰的明白这件产品的特点，与其价值所在。同时，设计人员也在与推销人员及消费者的接触中重新审视自己的设计，并进一步了解消费者的需求，为产品的改良做准备。设计人员在市场推广中的相关工作有：

(1) 外观装饰设计，主要是以下三个方面：

1) 装饰色彩设计——产品的色彩、材料肌理等效果的设计。

2) 装饰图案设计——产品本身的品牌标志、文字和装饰贴花效果等。如摩托车、汽车上的装饰图案就是进一步提高视觉审美效果的一种好的装饰方法。

3）包装设计——运用最能够反映产品鲜明个性的视觉形式,加强新产品推广的视觉识别性,准确传达商品信息,才能在同类产品设计的市场推广中起到好的效果。

（2）宣传推广设计。宣传推广设计主要在以下几方面需要产品设计人员主动参与,如下:

1）广告设计——指宣传画册、平面广告、影视广告等。

2）店内展示设计——店堂陈列、店内POP等。

专题产品设计流程图大致分为三个阶段七个流程,即提出设计、制定计划、设计准备、目标确定、设计定位、具体设计展示、方案传达和市场推广等七个方面,如表5-2。

某公司所做的控制器模型　　　　　　　　　　　表5-2

提出设计	设计师与企业良好的沟通 企业为设计师提供详细的产品说明并提出设计的要求。 企业提供相应的产品实物、结构及机械内部结构信息	
制定设计	设计计划包括：设计项目名称、负责人、设计人员、时间安排、备注等。 时间安排中包括：市场调研、创意方案设计（第一轮）、第一轮方案评审、对选定的方案深入设计（第二轮）、第二轮方案审核、手板样机制作等	设计前期阶段
设计准备	市场调研、分析、收集国内外同类产品的市场信息。 分析其设计的思路与风格、材料与工艺手段、成本与利润、发展动向与趋势、确定产品设计的方向。 进一步了解分析产品的功能、性能、使用方法、标准、技术要求、造型状况以及现有的和可能获得的材料、工艺手段和工艺效果。 向销售部门和销售员了解产品销售情况和消费者的愿望与要求	
目标确定设计定位	设计师的设计中常用的设计定位有：按使用人群的不同、按使用的地点的不同进行定位等	
具体设计展开	概念阶段 提出概念、创意和设想（构思草图），完善并改进创意。 第一轮方案评审。 制作具体的工程设计图纸和塑胶模型。 选定材料，确定生产工艺和技术结构。 方案确定 第二轮方案审核 进行动画设计，色彩搭配，制图。 完成外观模型以及概念设计原型的制作。 运用三维辅助设计完成具体的工作，制造出样品。 用户试用体验。 方案综合研究 方案评价	设计中期阶段
方案的传达	结构初步方案、外形工艺修正 产品结构设计、图纸结构验证	
市场推广	外观装饰设计 装饰色彩设计、装饰图案设计、包装设计 宣传推广设计 广告设计（宣传画册、平面广告、影视广告等） 店内展示设计（店堂陈列、店内POP等）	设计后期阶段

5.8 改良专题产品实施方案与步骤

改良性专题产品开发设计是基于现有产品的优化和改进设计，使产品更适应人的需求、市场的需求、环境的需求，或者更适应新的技术手段。然而技术的进步是无止境的，因此产品改良的可能性将是无限的。同时，改良性专题产品开发也是增强产品竞争力的重要手段。对原有的产品进行改良，是对原有产品外形、功能的改进；对消费市场的拓展，开发新的用户群以及对生产过程的改进。因此改良设计是建立在对原有产品充分了解的基础上展开的。

设计可以从两个方面入手：

（1）可以从分析现有产品的"不良"之处，即存在的缺点。为了使这个分析过程具有清晰的条理性，经常采用一种"产品部位部件效果分析"的设计方法。

（2）由于原产品的缺点经常是针对某一具体的使用场合而言的，所以还必须把产品的使用场合，包括使用环境、使用者与使用方式等作为衡量的标准。

改良性专题设计的实施流程基本与一般设计步骤相同，同样需要准备、定位、设计、传达等四个阶段，所不同的是，其设计过程是建立在原有产品的基础上的。具体体现可以分以下五个步骤：

（1）寻找原产品在不同使用场合、不同的使用者在使用时各关键部位可能遇到的问题；

（2）选出主要的几项内容进行技术更新；

（3）根据甲方要求，在时间、成本、实际可能性的限制条件下，进一步筛选出本次开发的一个或几个主攻方向；

（4）针对决定的主攻方向逐个细致的进行研究，探讨解决方案；

（5）在一定量的方案中评估筛选最佳方案。

5.9 概念专题产品实施方案与步骤

专题产品的概念设计是指由分析用户需求到生成概念产品的一系列有序的、可组织的、有目标的设计活动，它表现为一个由粗到精、由抽象到具体、不断进化的过程。概念设计的目标是研制出将投入市场的新产品。

概念专题产品要求设计师对未来的科技发展和人们的生活方式进行合理预测，在设计思维中排除现阶段科技水平及市场等方面的实际条件限制，从宏观的、多元的角度思考，为未来的设计寻求既有科学性又有艺术性的更加丰富、全面的内涵。概念设计本身也许并不参与批量生产，但概念设计对批量生产的产品有着引领、指导的作用，在可能的情况下可以批量生产。

专题产品概念设计的起始点较为普遍的有两种，一种是由技术为先导的，即因新技术的产生和应用，出现全新的产品；第二种，是由需求为先导，顾名思义就是发现人们潜在的需求或因时代变化新出现的需求，并为满足这种需求设计新的产品。

概念专题产品设计的实施方法也是一个提出问题解决问题的过程。它大致可以分成三个主要阶段：

5.9.1 概念的产生阶段

通过各种方式的调查研究或从新科技中得到灵感而产生初步想法，把想法整理成清晰的、待解决的问题。对问题提出创造性地解决方案，在这个过程中所得到的众多解决方案即概念设计方案，这时提出的可行概念越多越好。

概念的产生阶段主要解决两个问题：需求的概念化、概念的可视化。我们大致可以把概念设计分成以下几个步骤：

（1）了解用户真正的需求及工程技术；
（2）把产品的功能细化、分解（问题分解）；
（3）逐个解决功能需求（逐个解决问题）；
（4）把各个部分的解决方案整合起来，得到整个产品（问题的解决）方案。

5.9.2 概念的选择阶段

制定评判的标准，从产生的众多概念中，选择出最好的、最可行的方案。

在概念的选择过程中，新产品开发小组中各专业人员要共同工作，并努力达成一致意见。已经产生的众多的概念，每个概念从表面上看似乎都能满足要求，但必须从中选出最有发展潜力的概念，进行接下来的设计工作。

概念选择的方式主要有：外部决策、产品支持者、直觉、多数表决、辩论、原形和测试、决策矩阵等。其中较为客观和有效的选择方法决策矩阵大致可以分为以下四个步骤：

（1）形成统一的评判标准；
（2）形成统一的概念选项格式；
（3）概念选项评估、排序；
（4）去除无用的概念选项。

5.9.3 概念的实现阶段

把选择出来的最好的概念细化，做出概念产品或模型。

概念的实现是概念设计的最后一个步骤。在企业，产品概念设计一般以概念产品的实现而结束，而对于个人或学生由于技术及财力方面的原因要做到这一点就比较困难，往往只能做到概念模型，或动画演示，以及对概念设计的详细说明。

概念的实现包括以下六个步骤（在企业中，这个过程通常主要由工程师完成）：

(1) 制定工程约束；

(2) 确定形式（图纸或模型）；

(3) 确定整体尺寸；

(4) 确定子系统尺寸；

(5) 装配；

(6) 概念产品或模型。

对于个人或学生，本套书中有一册为模型制作方法，具体介绍了模型的制作。

生活中总是会出现各种各样的问题，因此相对于改良设计而言，概念设计考验着设计师敏锐的眼光。设计师发现问题，并用预想的概念来解决问题。所以概念设计更重要的是观察，善于从生活中发现问题，以突破传统的思考方式来探索、解决问题。

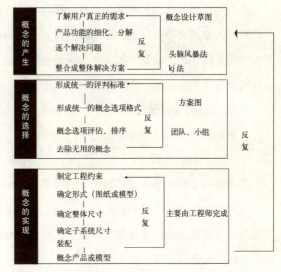

图 5-12　产品概念设计流程图

5.10　市场调研内容与方法

市场调研是探索新产品开发需求的有效手段，可以帮助决策者识别和选择最有利可图的市场价值。在开发新产品之前，市场调研在专题产品设计开发中尤为重要，设计师只有在不断的市场调查中去把握市场的趋势，才能设计出引领市场、引领消费的新产品。

5.10.1　市场调研的内容

市场调研所包含的因素很多，简单的可以归为以下三种有效的方法：

1. 产品行业的环境调研

任何企业的经营活动都是在特定的行业环境背景下进行的，其经营战略和策略的制定必然受到行业环境中诸多要素的影响和制约。如行业规范、条例、产品基本特征，还包括产品使用环境，行业背景等。新产品开发作为企业重要的发展战略之一，对行业环境的调研有助于设计师从产品开发的战略角度，审视与了解产品的属性特征、发展前沿和市场的前景。

2. 产品的市场需求调研

产品生产归根到底是为了满足消费者的需求，一种产品投放到市场是否具有生命力，完全取决于该产品是否合乎消费者的需要。可以说，对消费者需求的调研是市场调研活动的核心，有助于设计师明确新产品开发的重点和任务。市场需求研究主要包括产品的目标市场、目标顾客购买行为和新产品市场容量预测等。

3. 产品竞争的差异化调研

生存与发展的压力，迫使企业在发掘与满足产品现实的和潜在的市场需求的同时，还要应对来自同行业的竞争与挑战，这就务必需要了解同类产品的优缺点，以保证新产品投入市场在开发中的策略性。产品竞争的差异化调研可以帮助设计师从战术的、理性的角度，寻求新产品设计的个性化和差异化，从而获得新产品竞争的市场空间。

5.10.2 市场调研的方法

市场信息数据的收集方法包括：

1. 二手资料的收集

二手资料是相对于原始资料而言的企业内外部的现有资料。一般不是为了特定的市场调研主题而专门收集的，但是它们却与某一特定的市场调研主题具有一定的相关性，市场调研人员可以从中获得有关调研主题的大概信息，分析出有关市场调研主题的基本轮廓，因此为了节省时间、精力和资金成本，市场调研工作往往会先从这里开始。

2. 原始资料的调查

即一手资料的调查，比二手资料的调查信息更为准确，但在时间、人力和物力上投入较大。一手资料的调查方法主要在以下两个方面进行：

(1) 抽样调查

在大量的实地市场调研活动中，由于各种条件限制，市场调研人员不可能对每一个需要了解的调查对象进行逐一的调查，而只能从被调查者总体中抽选一部分具有一定代表性的样本进行调查，因此抽样法在市场调研中被广泛的应用，具有综合的概括性。

(2) 问卷调查

问卷调查是以问卷的形式进行实地访问或由被调查对象填写调查问卷的方式开展调查，是搜集第一手市场资料的最基本而有效的方法。问卷调查的具体方法主要包括：问句的设计、态度的取向和问卷的制作等。

3. 其他调研方式

以上两种调研主要是对产品市场需求现状的基本信息收集，要获得产品开发的真实信息，仅仅从以上的方式中进行还远远不够，还需要通过综合分析等方法用于保障信息调研数据的准确性。用于产品设计调研分析的方法主要有信息归类法、数据统计法、功能类比法和实践验证法等。

以上介绍的这些调研方法，需要大家在学习与实践应用中不断掌握。这里提供一设计公司针对手机开发的需要，对市场所做的调查问卷信息内容的设计，仅供学习参考。如下：

手机市场调查问卷

1. 您的年龄_____；性别_____

2. 月收入：

   A 1000～2000　　B 2000～3000　　C 3000～4000　　D 4000以上

3. 能接受的手机价格：

   A 1000～2000　　B 2000～3000　　C 3000～4000　　D 4000以上

4. 喜欢的手机颜色：

   A 绿　　B 蓝　　C 灰　　D 黑　　E 银色　　F 黄　　G 其他

5. 您使用哪种按键形状感到比较舒适：

   A 凹形　　B 凸形　　C 平形

6. 您希望手机屏幕：

   A 大一点　　B 小一点　　C 一般

7. 您的拨号习惯：

   A 右手单手操作　　B 左手单手操作　　C 双手操作

8. 手机使用环境：

   A 家里　　B 办公室　　C 户外　　D 会议　　E 车载　　F 其他

9. 购买手机时重点考虑的因素：

   A 价格　B 品牌　C 功能　D 售后服务　E 质量　F 其他

10. 感兴趣的手机：

    A 普通　B 折叠式　C 拉伸式　D 翻盖式　E 手表形　F 其他

11. 需要的选配装置：

    A 车载附件　　B 耳机　　C 车载充电器　　D 其他

12. 集寻呼、通信和中文短信息于一身的手机：

    A 好　　B 一般　　C 不好

13. 手机的携带：

    A 方便　　B 不太方便　　C 容易遗失　　D 其他

14. 对手机上进行各项网络服务：

    A 感兴趣　　B 不感兴趣　　C 无所谓　　D 其他

15. 防盗功能：

    A 需要　　B 不需要　　C 无所谓　　D 其他

16. 对手机重量的满意度：

　　A 满意　　B 不满意

17. 振动功能：

　　A 需要　　B 不需要　　C 无所谓

18. 键盘功能是否方便：

　　A 方便　　B 不方便

19. 您对 GPS 手机（可在显示屏显示地图及您所在位置）是否有兴趣：

　　A 感兴趣　　B 不感兴趣　　C 无所谓　　D 其他

20. 您对可视手机（可在显示屏显示对方图像）是否有兴趣：

　　A 感兴趣　　B 不感兴趣　　C 无所谓　　D 其他

21. 您是否有手机：

　　A 已有　　B 近一年内购买　　C 不打算购买

22. 你认同的手机品牌有：

　　A 东信　　B 索尼·爱立信　　C 松下　　D 摩托罗拉　　E 诺基亚　　F 西门子

　　G 波导　　H 飞利浦　　I 三星　　J 海尔　　K 其他

23. 你所在城市＿＿＿＿地址＿＿＿＿＿＿＿＿

参考课时：4 课时

参考习题：

①在课后产品设计实践中制作一张设计工作时间安排表，并在设计过程中按照计划进行；

②利用课外时间以 5～8 人为一小组，针对某个专题产品做为期半个月的市场调查。（提交内容包括：调查样表、调查结果数据分析、结论及预测等）。

名师点评：发挥工业设计师独特的能力

中国美术学院工业设计系副主任　雷达　教授

　　工业设计不同于科学研究，也不同于纯艺术创造，设计创造以综合为手段，以创新为目标的高级复杂的脑力劳动过程。工业设计师们往往不善于像工程师那样严格地按照自然的属性去办事，而敏于人的属性与自然属性的某种均衡，他们的工作没有固定的模式，创新是他们的唯一天赋。他们勇于开拓社会生活，甚至社会生产的新方式。他们协助企业在市场经济的风浪中生存与搏斗，立足今天，创造明天。

第6章 专题设计案例

6.1 课程教学案例

案例1——A：电风扇改良设计创意发想

（设计：浙江理工大学蒋之炜、韩莎莎、董艳、蔡志林等，指导：潘荣教授）

一、设计目的

本课题以电风扇设计的具体案例，多角度地锻炼和优化创意思维，全面提高对于设计的驾驭能力。同时，结合产品自身的特点及其使用特性，寻求在设计局限性上的突破。

在中小城市以及乡村，电风扇依然占有着巨大的市场份额。因此其依然有着较高的研究价值和开发及设计的实用价值。以往，电风扇总是给人低科技含量的印象，本课题通过从外观到功能等诸方面对传统电风扇进行创新性改良设计，试图改变其单调的风格，提升其色彩、造型、质感以及与环境的融合呼应，将设计与生活、科技与时尚相结合，从而体现创意设计的文化内涵与价值，传递其对人们生存方式和人性尊严的关注。

二、设计分析

在进行电风扇的改良设计前，首先对现有电风扇产品的基本情况进行了认知和分析。包括市场销售、消费特点、产品结构、产品设计等方面。这些情况将对创意发想提供科学依据和技术立足点。

（一）市场调研

1. 电风扇市场发展趋势分析

功能上：便捷、健康、新奇、节能

调研结果显示：电风扇的便捷、健康、新奇、节能四项功能指标占调查结果的前四位。

外观上：轻巧、靓丽

据调研，有81%的被采访消费者对外观新颖、

|图6-1　市场调研与分析

色彩清新的电风扇产品情有独钟；约有 50% 以上的消费者对轻巧的电风扇较为喜爱。今后的电风扇市场将继续朝功能差异化和外观时尚化方向发展。

2．电风扇市场消费特点分析

（1）功能外观因素

调研结果显示，在价格因素相对不变的情况下，电风扇的功能和外观因素占到了主导消费者购买因素的 51.5%，起到了较大的决定作用。

（2）产品差异性因素

第一、电风扇和空调之间存在着较大的功能性差异。由于空调主要是"降温"，而电风扇则是"自然防暑"和"通风"。所以，电风扇利用其自身区别于空调的效果，拥有着固定的用户群体。

第二、中国三级市场、农村容量大。资料表明，目前农村市场电风扇的使用率占 45.21%，所以，农村消费者仍然是以后电风扇市场的主要用户群体。

（二）电风扇工作原理及基本结构解析

1．电风扇的工作原理

通过电机驱动扇叶旋转，加速人体周围空气流通，人体从皮肤上毛孔蒸发水分的速度加快，由于水分蒸发过程所带走的热量增多，因而使人感到凉爽。

2．电风扇的基本结构解析

电风扇按结构可分为吊扇、台扇、换气扇、转页扇、空调扇（即冷风扇）等，其规格是以扇叶直径尺寸大小来表示。

电风扇主要由扇叶、网罩、扇头、调速机构、底座等部分组成。

扇叶：由叶片、叶架和叶片罩组成。网罩：保证安全。

扇头：电动机、摇头机构、前后端盖。

摇头机构：减速器、四连杆机构、控制机构、保护装置。电扇的摇头运动是依靠连杆机构来实

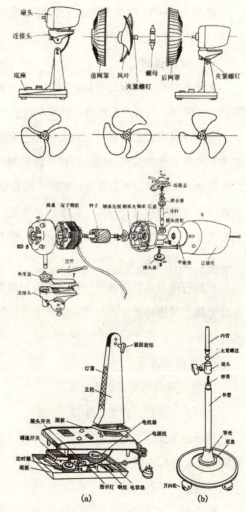

图 6-2　电风扇主要组成部分

现,摇头连杆安装在电动机下方,与摇头齿轮、曲柄连杆、角度盘和扇头构成四连杆机构,驱使扇头沿弧线轨迹作往复运动。

电动机:定子、转子、轴承、端盖。

升降机构与底座(图6-2,图6-3)。

图6-3 电风扇结构分析

（三）现有电风扇设计特征归纳

1．外观设计中注重时尚元素的运用

电风扇在外观设计上追求色彩、造型、质感以及与家居的搭配相呼应。如加入灯光设计，营造环境气氛；以金属质感设计令其显得高雅等。

图6-4　造型各异的电风扇

2．功能多样化和操作人性化

在电风扇原有的基本功能基础上增加程控、遥控、数码显示及语音提示等新功能。有的还具备智能温控功能，能自动调节风速大小与送风角度（图6-4，图6-5）。

3．引入健康和环保功能

主要有自然风、睡眠风、氧吧、活性负离子、紫外线杀菌等健康功能和负离子氧吧、光触媒净化等环保功能。

图6-5　造型各异的电风扇

4．智能安全

在人体触碰到电风扇时自动停转，这项功能非常适合有小孩的家庭。

5．移动方便

现代生活要求产品使用的便利性，因而可移动性成为电风扇设计的重要特点。

三、设计创意发想

对现有电风扇市场状况以及产品自身结构、设计特点有了总体把握后，即进入创意发想的阶段，通过逆向思维、发散性思维和创新型思维等非常规思维方式，寻求创意概念和突破点。

（一）潜在设计可能性（设计方向）发想

1．假如我们要设计电风扇，首先联想到的自然是通常的电风扇造型；但如果把旧的定义抛开，能够联想到的是叶片运动产生风的类似产品；思路再开阔一点，是产生空气运动而使人凉爽的产品（也许不需叶片）；再联想下去是能使人感受到舒爽的产品……一切以人的需要和感受为出发点，这样就容易摆脱传统电风扇概念的桎梏，思路自然开阔了（图6-6）。

图6-6　潜在设计可能性

2. 具体到一个产品，可以多方位、多层次思考：原结构为什么这样设计？产品什么地方可以改良？对于这些可以改良的部件，需要考虑什么因素以生成新的设计？怎样才能保证整个流程顺利进行（图6—7）……

（二）创意发想方案

1. 电风扇＋娱乐＋装饰

小时候看到挂在枝头的豆荚随风转动，在记忆中留下深刻的印象。于是尝试将豆荚这一植物形态运用到电风扇的外观设计上，同时在普通转叶电风扇基础上加入观赏和娱乐的成分，使其具有实用和装饰双重特点：可以作为普通电风扇使用，也可以同时作为观赏和娱乐装饰性兼备的情趣电风扇使用，赋予电风扇这一日常电器以文化意味（图6—8）。

图6—7 "风圈"—空心电扇获2009德国iF设计概念大奖

2. 电风扇＋动物＋植物

电风扇形态上下呼应，吹出的风拂过"飘动的绿叶"，其上点缀的"瓢虫"则沿着叶脉缓缓向上爬去，让人仿佛置身于世外桃源，耳边响起唏嘘的虫鸣声，有一种返璞归真的感觉。将遥控器设计成"瓢虫"吸附在面板上可以避免找不到它的尴尬，你也可以将其沿着"叶脉"推至低、中、高三档的风速，犹如瓢虫沿着叶脉向上爬，这种产品设计寓意给人以丰富的遐想。当风扇通电时，"瓢虫"遥控器将发出橙红色的光并伴随振动，这样即使不慎将遥控器丢失，你也能轻松定位将其找到（图6—9）。

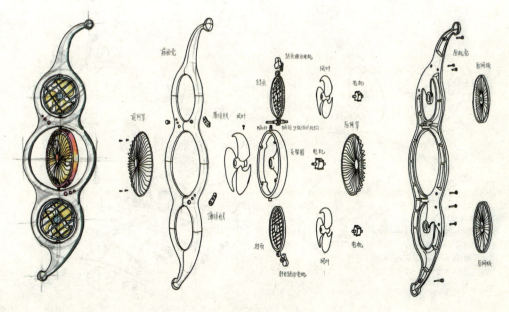

图6—8 电风扇创意一

3. 电风扇＋健身车

电风扇，顾名思义是要使用电力驱动的。那么电力如何得到呢？火力发电、水力发电、风力发电、核能发电、潮汐发电、太阳能发电……人力发电！将健身车运动者的人力转化为电力驱动风扇。既节省了电力，又利用了人力，一举两得，传达出健康生活的理念。具有健身、模拟自然风骑行和充电功能：可以作为普通健身车使用；也可以在骑行时模拟自然风效果；也可将电能储存，待休息时将风扇取下作为台扇单独使用，更可为电动自行车等的蓄电池充电（图6-10）。

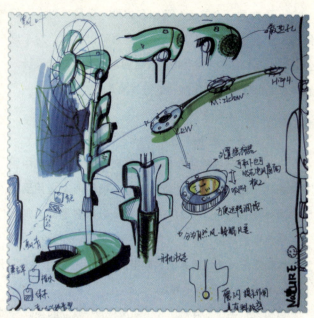

图6-9 电风扇创意二

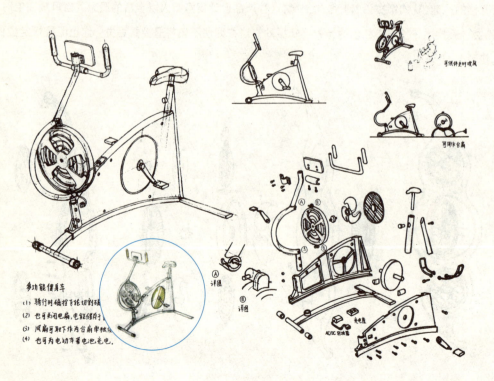

图6-10 电风扇创意三

4. 电风扇＋植物

结合自然界中植物、花卉的形态构思外观造型。考虑电风扇挂式和台式的结合，以牵牛花形为依托，通过位置调节，使其呈现两种状态。右款电风扇设计的目标人群为儿童，故采用小蘑菇的可爱造型。主要特点是其扇头可以灵活转动（图6-11）。

5. 电风扇＋拟人

给电风扇穿上一件可爱的外套，一改她灰头土脸的模样，塑造出富有童趣的人性化情境（图6-12）。

6. 电风扇＋音乐

将电风扇的按钮设计成琴键模样，使得人们乐于去按按钮，并且每个按钮设有不同的音乐：潮汐声、海浪声、风声、小夜曲等（图6-13）。

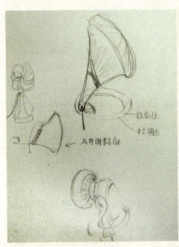

图6-11　电风扇创意四

图6-12　电风扇创意五

图6-13　电风扇创意六

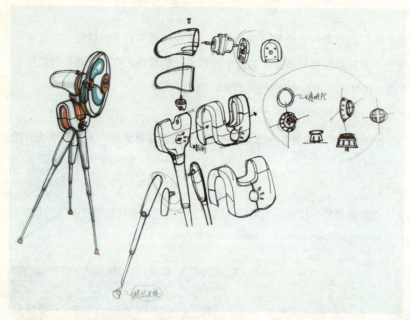

图 6-14 电风扇创意七

7. 电风扇 + 照相机

把照相机的某些元素适当地移植到电风扇的设计中,得到一种新奇、独特但又合理的结果(图 6-14)。

四、创意发想要点小结

(一)概念拓展

将传统意义上仅仅理解为产品或是单纯的人造物的电风扇概念拓展到将其置于使用环境中加以理解,即由物的层面外延为人－物(产品)－环境的层面。因为任何产品的开发,都是由于人的需求而产生,也都由人来直接或间接地使用;其从设计到最终完成的全过程无一不与人的因素紧密关联。产品就是人与环境相互作用、相互影响的中间媒介,是人－物(产品)－环境系统的有机组成部分。从这一角度理解,电风扇就不再是一件冷冰冰的工业产品,而是我们生活中的伙伴,是与我们的生活、环境息息相关的一份子,因而能够从自然、人文等多角度赋予其新的理解与诠释。

(二)重构与突破

在对现有的电风扇产品进行解构并充分理解其结构和工作原理的基础上,将其分解为几个部分,选择和确定那些可以加以重新设计和改进的部分,从外观和结构等方面进行推敲和思考。将它们分别与其他元素——也许是毫不相干的——加以组合,运用类似焦点法的方式逐步推导出全新的结果。而这一重构过程并非是漫无目标的胡思乱想,而是以产品的基本结构和原理为导向的,建立在科学思考基础上的设计创意过程。

案例 1——B：城市景观设施设计——女装街指示、照明、景观小品设计
（设计：浙江理工大学张芳芳，指导：潘荣教授）

一、设计目的

城市景观设施已成为现代都市不可缺少的重要产品之一，是伴随着人们对城市生活的功能需求而不断发展和完善起来的公共用品设计，在满足人们功能使用的同时对美化环境、信息识别和形成城市的标志性等方面均具有重要的现实意义。选题的设计目的如下：

（1）课题选题以杭州女装街指示、照明、景观小品设计为切入，希望通过针对本设计专题性探讨，在产品的具体应用对象、环境和产品的使用方式等方面，锻炼综合把握设计的"产品服务于人类"这一理念。

（2）产品设计与文化密不可分，如何在设计中把握设计文化的实际应用？如何提取设计元素应用于设计？历来都是设计师们十分关注的重要课题之一。然而，都市文化总是与时尚文化密切联系，因此本课题选题从针对性的角度，探讨设计与应用、文化与元素等，以此来拓展设计思路和锻炼设计应用的实际能力。

二、设计调研分析

对杭州武林路女装街环境中的公共景观，例如景观照明、指示设施及其在城市环境中的功能性、装饰等调查，同时，针对其内在的文化与时尚展开分析，从而选定环境中存在的不足之处，来定位设计的具体范围和目标。

（一）市场调研

1. 杭州武林路女装街环境设施分析

武林路是以女性服饰商品为主要经营内容的，具有鲜明的个性。目前，街区购物店面装饰现代而独特，女性商品和配套服务的功能也较为完善，其总体的服务功能包括购物、美食、商务、健美、休闲、观光、娱乐等，街区环境现已成为杭州市一道重要的旅游、商业的靓丽风景线，也是国内富于女性精神和艺术气质的大型现代商业文化空间。然而，经过实地调查，武林路女装街在景观设施上的配套设计还处在相对滞后的状态，基本没有形成亮点和独特之处。这些景观街道上的小品设计基本都是单独存在，没有整体统一的感觉，从而使整个街道的品质欠

图6-15 杭州女装街分布及反映现状的部分图片

佳。而且其中很少考虑到人们来往中需要指示的信息，时常让外地来此旅游、休闲和购物的消费者感到苦恼。这与杭州作为国内、国际重要的旅游城市的需要是不相吻合的。

2. 国外景观设施设计概况

现代景观环境设施设计在欧美国家的发展已经非常成熟，特别是在满足功能的基础上，对环境美化、信息的传递和特色文化的内涵表达等方面的设计，值得我国城市建设学习。如国外景观型照明灯具在大型娱乐设施（如迪斯尼乐园）或特别的街区（如拉斯维加斯的赌城）的应用，对具有很强的功能型的灯具与环境的配套是极为重视的。另外，为环境整体需要的灯具设计产品外观，设计也巧妙地采用不同造型灯杆与之相适应的环境配套，或者根据使用需要的功能相结合，如照明与指示系统的结合、照明与休息设施的结合，设施设计与城市文化内涵的表述等相结合等。总之，环境设施设计是作为城市的一大标志性和特色景观之一，发达国家的相关设计,不仅在城市整体建设上注重整体的统一性,而且也十分重视文化品位的体现。如图6-16、图6-17。

图6-16　国外在环境设施设计，不仅在城市整体建设上注重整体的统一性，而且也十分重视文化品位的审美体现

图6-17　国外在环境设施设计满足功能的基础上，十分重视设施与环境、设施与人的使用、信息识别等，如上图具有标识性的景观形象与指示功能的设计

（二）调研结论

市场调查作为设计开始前的重要组成部分，对设计展开与进行有着决定性的指导作用。从以上调查中发现很多的不足：

（1）购物场所的景观设施中指示性功能十分欠缺。杭州作为国内重要的旅游城市，同时又是具有标志性和特色性的现代女性商业步行街，在购物场所的景观环境中加强指示性的服务是非常必要的。

（2）女装街指示、照明、景观小品的设计与环境设施的针对性不够明确，整体设计概念需要和谐统一与完善。

（3）消费者购物的同时，也会需要休息的地方，所以购物场所休息座椅的设计与环境的融合也是改善服务的重要方法。

（4）女装街环境设施的元素选择与应用，以及设计表达的文化内涵模糊，难以和当今现代都市文化相匹配，特别是针对女装用品的现代与时尚的人文景观的语意表达，相关设施设计还完全不能体现具有标志性女装街的文化特色。因此，探讨时尚元素与文化内涵结合的空间设施设计十分必要。

三、设计创作

1. 设计灵感来源

景观设施设计作为城市景观的一部分，是与人们的文化生活密切相关的。作为服务于女性的商业街，设计自然也要把握现代女性的审美需求。根据调研结论明确的设计目标，展开设计的研究与探讨（图6-18）。

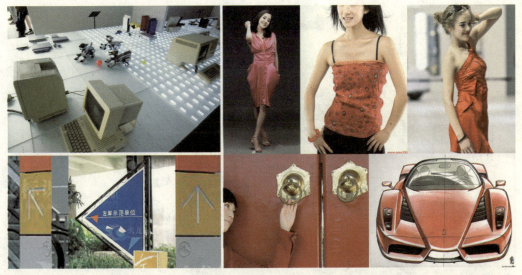

图6-18 产品设计元素提炼，一方面是对具有方向坐标的箭头语意的提炼，箭头的图形特征本身具有强烈的现代感。另一方面是对现代女性生活分析，通过红色联想的象征语意来表达现代女性的前卫与时尚，白色的高雅与纯洁象征女性的优雅与高贵，从而获得设计元素的应用灵感

2. 产品形态提出

运用提炼的箭头设计元素和色彩应用,结合女装街需要改善的重点——指示功能和辅助的照明、休息功能,从整体把握设施设计的统一性展开设计构思,如图6-19、图6-20。

图6-19

图6-20 设计草图构思

3. 产品形态分析确定

对一系列相对接近要求的方案进行进一步挑选确定，包括产品形态是否符合女装街景观设施的要求，如指向性的功能、照明与休息的辅助功能等，同时，对工艺安装和维护的便利性、互换性等方面展开分析。如图6-21。

|图6-21　产品形态分析与确定

4. 设计方案环境应用分析

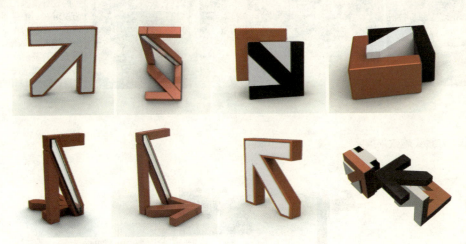

图6-22　设计方案环境应用分析是根据设计形态与组合应用的方式，结合环境的特点与实际需要，进行设计应用的调整与完善。如图所示，以指示为主并兼顾照明和休息的指示设施，根据环境指示的实际情况，进行可以多种组合应用的规范分析。这里也包含了两个方面的内容：1）探讨设计符合环境应用的灵活性；2）正确把握产品后续生产的规范性

5. 实物模型制作

图6-23 设计方案确定后，为进一步验证设计外观形态的比例、工艺等的设计要求，同时也为规避在二维空间设计图纸中存在的视觉认知上的误差，按比例制作模型来验证最终设计方案很有必要。图为验证该设计的模型制作过程

6. 方案实施效果展示

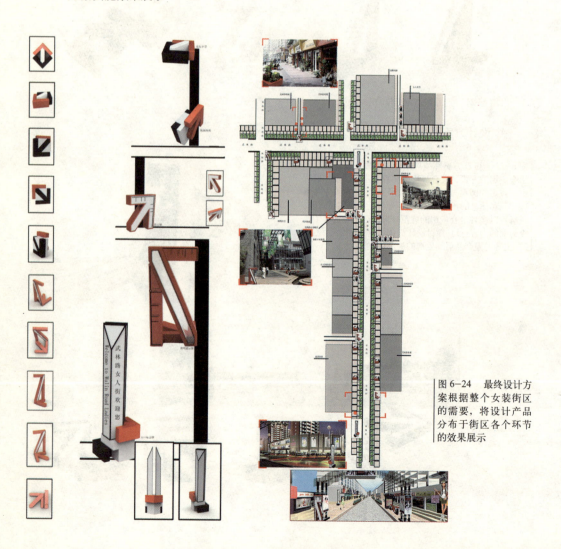

图6-24 最终设计方案根据整个女装街区的需要，将设计产品分布于街区各个环节的效果展示

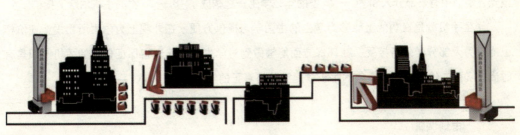

|图 6-25

7. 设计实践小结

城市景观设施设计作为专题性的设计课程研究，与一般产品设计既有较大区别又有着设计的共性特征，其不同的是环境设施面对的使用对象，具有多重性和与之相适应环境的复杂性，因此，考虑整体系统的和谐关系来展开设计，才能较好地把握设计的总目标。

其次是具有针对性的城市景观设施设计，要满足人们对城市功能的要求，务必对设计所涉及的相关人群进行重点研究，才能正确把握设计的内涵与应用的实际需要，确定这一点往往是一个非常大的难题，所以在进行设计之前，针对性的市场调查是非常必要的。

|图 6-26

第三，城市景观环境设施设计，不仅仅是解决人们对城市中功能设施的使用要求，还包括对精神层面的需求，如审美需求，潜在的文化认同等。可见，设计中对文化的体现同样不可忽视。

第四，在方案确定下来后，应进行设计工艺、材料、制作和使用规范的设计细化，设计不是停留于虚拟表现，更重要的是能够真正转化成产品的设计，才能为人服务并使我们的生活变得越来越美好。由于课程设计的时间短暂和自身设计综合能力的局限，本设计进一步提高还有待深入。

案例 2——学生手机设计

（设计：浙江理工大学邱潇潇等，指导：潘荣、林璐教授 ）

一、设计课题分析

当今手机的设计可谓是工业设计的一个热门研究课题，从移动电话用户的年龄层来看，21～25 岁、26～30 岁、31～35 岁的消费者是移动电话的三支重度消费群，近年来一直分占前三名；这三支消费群中尤以 21～25 岁、26～30 岁两支消费群为主，占据整个消费群中最多的一部分；31～35 岁段的用户群虽有所下降，但不容忽视。20 岁以下用户群的比例近年来一直在增长，他们中有一部分人和 21～25 岁的年轻学生一起构成了 18～25 岁的手机活跃消费群。

学生手机就是在功能上能够为学生的生活学习提供方便，在外观上为学生所喜爱，在价格上能够为大部分学生所接受，在环保方面能够做到对学生身体无伤害保证健康的手机。即具有时尚、实用、价廉、环保特色的手机才能够称为真正的学生手机。

二、设计产品调研

1．市场调研

（1）学生手机市场分析

1）市场容量和潜力

校园的学生群体当中，大学生、准大学生群体是目前学生消费群体的主力军。目前学生手机月消费量约在 35 万部左右，约占市场总消费量的 10%，虽然还不能说是对市场起举足轻重的影响，但这一特殊的消费群体具有其他群体所不具备的优点和潜力，抓住这块市场，对于厂商来说大有裨益。首先是群体的规模大小和增长速度。随着近几年来各地高校的不断扩招，目前全国每年新增大学生超过了 250 万，高校在校生人数得到了快速的发展，而这些年龄段在 18～25 岁的年轻人正是手机消费的主要群体。此外，大学生基本以集体生活为主，相互间信息交流很快，这就非常利于进行集中式的促销活动，与在市场上相比，同样的促销投入能得到更高的效果，尤其是对一些进入市场不久、知名度不高的手机品牌来说，往往能起到事半功倍的作用。

另外，根据问卷调查显示，学校的大学生的手机拥有率为 26.5%，在"如果你没有手机，打不打算去买一部"的问题中，选择"有这个计划，过一段时间就去买"的占 46.7%，而选择"这对我没有吸引力，我不会买"的被调查人仅有 17.4%。沿海城市有 57% 甚至更多的大学生拥有手机（上海《中学生报》对该市 5 个区县的高中职校学生抽样调查后发现，被调查者中 30% 拥有手机）。

随着手机市场首次购机比重的逐渐萎缩，每年近 250 万的入校新生和近 200 万毕业生的大学生市场就显得尤为重要，他们将是以后首次购机人群稳定的主要组成部分。此外，大学生群居性、集中性购买的特点非常利于商家们进行季节性的重点促销，能得到更高的投入产出比；年轻人勇于尝试的个性化特点也给了一些手机中小品牌与大品牌竞争的机会。目前的大学生用户就是将来的中高端用户，抢占大学生市场，不但能提升现在的市场占有率，也是在抢占未来中高端用户的心理市场。

由以上分析，我们可以得出结论：学生手机市场是个很广阔的具有巨大发展潜力的市场。

2）目前学生手机市场份额分析

在学生市场份额排名靠前的品牌中，学生市场份额偏高的品牌有摩托罗拉、诺基亚、西门子等，这几个品牌无一例外都是主要以低端机冲击市场，目前国产品牌在学生市场中认可度也在不断提高。

众多手机厂商与经销商都认为低价位、造型时尚的手机就是学生手机，但是这是否就成为学生的最佳选择，是否就能够真正满足学生的潜在需求呢？下面我们对学生消费群的特点来做一分析，或许我们能够发现什么。

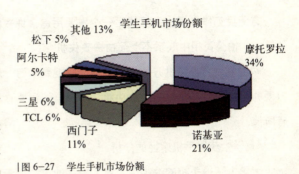

图6-27 学生手机市场份额

(2) 学生群体特点分析

针对目前的学生手机市场这块大蛋糕，商家们怎样才能得到大部分份额呢？只有针对学生的特点进行分析，进一步的细分市场找出学生的潜在需求和市场空白，针对不同学生群体开发产品或进行针对性的营销手段，才能够抢占市场。下面我们就来对学生群体的特点来进行分析。

1) 学生手机消费群的特点

① 没有经济收入；

② 追逐时尚、注重个性张扬；

③ 易于接受新事物；

④ 需要更多的情感沟通与交流；

⑤ 物品的使用易"喜新厌旧"；

⑥ 主要任务是学习；

⑦ 生理上处于生长发育阶段；

⑧ 学生基本以集体生活为主，相互间信息交流很容易受影响。

2) 学生消费者的购买准则

大、中学生购买手机主要考虑因素是时尚个性化款式、功能、价格、品牌等。

要大部分学生来选购自己真正喜欢的手机是不现实的，所以学生手机主要把眼光放在了低价位而且有时尚感、造型好看、具有较好功能的手机上。

3) 学生购买手机的主要目的

学生买手机一般是为了交流、沟通，用途多为发短信和联系亲朋好友及方便学习、求职。

手机短信非常火热，似乎有战胜普通通话成为手机主要功能的架势。学生也是手机短信的伟大贡献者，学生生活单调，发发短信解解闷成了手机一族无聊时候的主要活动；而同学之间、亲朋好友之间的联系现在也主要依靠手机短信，毕竟写信太麻烦了，发邮件没电脑还得跑到网吧上网，打电话又太贵了，所以手机短信就担当起了这个桥梁与纽带的任务。

方便找工作是学生手机的另一个重要用途，许多同学们都配备一款手机，并宣称这是求职的武器，怕公司相中联系不上而白白丧失机会。

学生希望产品提供方便。学生的天职就是学习，所以学生都希望手机能为自己的学习带来方便并能够提供与学习有关的功能，例如电子词典、学习计算器等，这些也是学生所希望的物有所值。

4）学生获得手机途径的分析

大学生获得手机的途径中，家人购买的占总调查人数的45%，自己购买占51%，朋友赠送占3%，来历不明占1%，但购机费用有93.8%来源父母或长辈。

(3) 学生手机市场成功发展和对策

根据以上分析可以得出，手机厂商如果明白学生购买手机的主要用途和潜在需求利益，结合学生特点再在手机功能上下一些工夫，这样设计生产出来的产品将会更容易赢得这一块市场。

所以在这里可以提出以下学生手机概念：学生手机就是在功能上能够为学生的生活学习提供方便，在外观上为学生所喜爱，在价格上能够为大部分学生所接受，在环保方面能够做到对学生身体无伤害保证健康的手机，即具有时尚、实用、价廉、环保特色的手机才能够称为真正的学生手机。

其产品的基本特点有：

时尚——个性化的外观设计和功能搭配、时尚的款式和颜色。

实用——电子词典（汉英互译）、电子书（可下载）、超强短信息、计算器、记录本（可储存公式或其他笔记）、智能时间表（计时、提醒）、智能中文输入、来电显示、电话簿检索、闹钟功能、内置振动和振铃、和弦音乐等等，别忘了还有强大的娱乐游戏功能。

价廉——价格水平应该在学生消费的承受限度之内。

环保——手机发射功率极低，辐射极少，对人体无伤害以保护学生的大脑。

而纵观整个手机市场，目前好像还没出现能够为学生的生活学习提供方便具有时尚、实用、价廉、环保特色的真正学生手机，所以学生市场还存在这样的市场空白，厂商若能够抓住这个机遇定会获得巨大的发展。

2．手机基本结构、材料、工艺调查

(1) 手机的基本结构

手机结构一般包括以下几个部分：

1）LCD、LENS

材料：材质一般为PC或压克力。

连接：一般用卡钩加背胶与前盖连接。

分为两种形式：①仅仅在 LCD 上方局部区域；②与整个面板合为一体。

2）上盖（前盖）

材料：材质一般为 ABS 加 PC。

连接：与下盖一般采用卡钩加螺钉的连接方式（螺钉一般采用 $\phi 2$，建议使用锁螺钉以便于维修、拆卸，采用锁螺钉时必须注意盖子的材质、孔径）。摩托罗拉的手机比较钟爱全部用螺钉连接。

下盖（后盖）

材料：材质一般为 ABS 加 PC。

连接：采用卡钩加螺钉的连接方式与上盖连接。

3）按键

材料：橡胶，PC 加橡胶，纯 PC。

连接：橡胶键主要依赖前盖内表面长出的定位钉和盖子上的骨架定位。橡胶键没法精确定位，原因在于橡胶比较软，如键垫上的定位孔和定位钉间隙太小（<0.2～0.3mm），则键垫压下去后没法回弹。

4）Dome

按下去后，它下面的电路导通，表示该按键被按下。

材料：有两种，Mylar dome 和 Metal dome，前者是聚酯薄膜，后者是金属薄片。Mylar dome 便宜一些。

连接：直接用粘胶粘在 PCB 上。

5）电池盖

材料一般也是 PC 加 ABS。

有两种形式：整体式——即电池盖与电池合为一体；分体式——即电池盖与电池为单独的两个部件。

连接：通过卡钩加按钮（多加了一个元件）和后盖连接。

6）电池盖按键

材料：POM。

种类较多，在使用方向、位置、结构等方面都有较大变化。

7）天线

分为外露式和隐藏式两种，一般来说，前者的通讯效果较好；标准件，选用即可。

连接：在 PCB 上的固定有金属弹片，天线可直接卡在两弹片之间，或者是一金属弹片一端固定在天线上，一端的触点压在 PCB 上。

8)扬声器

通话时发出声音的元件。为标准件,选用即可。

连接:一般是用海绵包包裹后,固定在前盖上(前盖上有出声孔);通过弹片上的触点与 PCB 连接。

麦克风

通话时接收声音的元件。为标准件,选用即可。

连接:一般固定在前盖上,通过触点与 PCB 连接。

蜂鸣器

铃声发生装置。为标准件,选用即可。

通过焊接固定在 PCB 上。机架上有出声孔让它发音。

9)耳机插孔

为标准件,选用即可。

通过焊接直接固定在 PCB 上,机架上要为它留孔。

10)Motor

Motor 带有一偏心轮,提供振动功能。为标准件,选用即可。

连接:有固定在后盖上,也有固定在 PCB 上的。

11)LCD

直接买来用。

有两种固定样式:①固定在金属框架里,金属框架通过四个伸出的脚卡在 PCB 上;②没有金属框架,直接和 PCB 的连接:一种是直接通过导电橡胶接触;一种是排线的形式,将排线插入到 PCB 上的插座里。

12)防护屏

一般是冲压件,壁厚为 0.2mm;作用:防静电和辐射。

13)其他外露的元件

测试端口

直接选用。焊接在 PCB 上。在机架上要为它留孔。

SIM 卡连接器

直接选用。焊接在 PCB 上。在机架上要为它留孔。

电池连接器

直接选用。焊接在 PCB 上。在机架上要为它留孔。

充电器

直接选用。焊接在 PCB 上。在机架上要为它留孔。

以上只是 CANDY BAR 结构，若是 CLAM SHELL 结构，还要考虑 BASE 和 CLIP 的连接结构，像扬声器、麦克风的连接，还有插针式及引线式等。

(2) 手机彩色屏幕调查

实际应用中，影响彩屏效果的并非是所谓色彩数的高低，而是应该在于屏幕所采用的材料 (STN–LCD、TFT–LCD、UFB–LCD) 以及屏幕的像素大小。

1) 屏幕类型

目前市场上的彩屏手机屏幕一般有三种类型：UFB、STN、TFT。STN 是早期彩屏的主要器件，最初只能显示 256 色，虽然经过技术改造可以显示 4096 色甚至 65536 色，不过现在一般的 STN 仍然是 256 色或 4096 色的，其优点是：价格低，能耗小。TFT 的亮度好，对比度高，层次感强，颜色鲜艳。缺点是比较耗电，成本较高。UFB 是专门为移动电话和 PDA 设计的显示屏，它的特点是：超薄，高亮度。可以显示 65536 色，分辨率可以达到 128×160。UFB 显示屏采用的是特别的光栅设计，可以减小像素间距，获得更佳的图片质量。UFB 结合了 STN 和 TFT 的优点：耗电比 TFT 少，价格和 STN 差不多。

2) 颜色质量

现在市面上可以见到的一般有三种颜色质量：256 色、4096 色和 65K（即 65536）色。不同颜色质量的显示效果不同。显示分成三类：普通文字、简单图像（类似卡通这样的图像，主要是选单图表和绘制的待机画面）和照片图像。至于对照片质量要求苛刻的用户，65K 色当然是最佳选择，但不需要强求，因为 65K 与 4096 色之间在实际照片的表现效果上差距远没有 4096 色与 256 色的差距那么大。

3) 屏幕尺寸

分为物理尺寸和显示分辨率两个概念。物理尺寸是指屏幕的实际大小。大的屏幕同时必须要配备高分辨率，也就是在这个尺寸下可以显示多少个像素，显示的像素越多，可以表现的余地自然越大。两台手机的屏幕大小差不多大，为什么一个只能显示两行汉字，一个却可以显示五行汉字，抛开字体大小差别，关键就是屏幕的分辨率，后者分辨率大一些，自然在同样屏幕大小下可以显示更多行的汉字。

(3) 手机常用材料及工艺

1) ABS 丙烯腈－丁二烯－苯乙烯共聚物

典型应用范围：电气和商业设备（计算机组件、连接器等），器具（食品加工机、电冰箱抽屉等），交通运输行业（车辆的前后灯、仪表板等）。

2) PC 聚碳酸酯

典型应用范围：电气和商业设备（计算机组件、连接器等），器具（食品加工机、电冰箱抽屉等），交通运输行业（车辆的前后灯、仪表板等）。

注塑模工艺条件：干燥处理，PC 材料具有吸湿性，加工前的干燥很重要。建议干燥条件为 100～200℃，3～4h。加工前的湿度必须小于 0.02%。

熔化温度：260～340℃。

模具温度：70～120℃。

注射压力：尽可能地使用高注射压力。

注射速度：对于较小的浇口使用低速注射，对其他类型的浇口使用高速注射。

化学和物理特性：PC 是一种非晶体工程材料，具有特别好的抗冲击强度、热稳定性、光泽度、抑制细菌特性、阻燃特性以及抗污染性。PC 的缺口伊估德冲击强度（Otched Izod Impact Stregth）非常高，并且收缩率很低，一般为 0.1%～0.2%。

PC 有很好的机械特性，但流动特性较差，因此这种材料的注塑过程较困难。在选用何种品质的 PC 材料时，要以产品的最终期望为基准。如果塑件要求有较高的抗冲击性，那么就使用低流动率的 PC 材料；反之，可以使用高流动率的 PC 材料，这样可以优化注塑过程。

3) PMMA 聚甲基丙烯酸甲酯

典型应用范围：汽车工业（信号灯设备、仪表盘等），医药行业（储血容器等），工业应用（影碟、灯光散射器），日用消费品（饮料杯、文具等）。

注塑模工艺条件：干燥处理，PMMA 具有吸湿性因此加工前的干燥处理是必须的。建议干燥条件为 90℃、2～4h。

熔化温度：240～270℃。

模具温度：35～70℃。

注射速度：中等。

化学和物理特性：PMMA 具有优良的光学特性及耐气候变化特性。白光的穿透性高达 92%。PMMA 制品具有很低的双折射，特别适合制作影碟等。PMMA 具有室温蠕变特性。随着负荷加大、时间增长，可导致应力开裂现象。PMMA 具有较好的抗冲击特性。

4) PC/ABS 聚碳酸酯和丙烯腈-丁二烯-苯乙烯共聚物和混合物

典型应用范围：计算机和商业机器的壳体、电气设备、草坪和园艺机器、汽车零件（仪表板、内部装修以及车轮盖）。

注塑模工艺条件：干燥处理，加工前的干燥处理是必须的。湿度应小于 0.04%，建议干燥条件为 90～110℃，2～4h。

熔化温度：230～300℃。

模具温度：50～100℃。

注射压力：取决于塑件。

注射速度：尽可能地高。

化学和物理特性：PC/ABS 具有 PC 和 ABS 两者的综合特性。例如 ABS 的易加工特性和 PC 的优良机械特性和热稳定性。二者的比率将影响 PC/ABS 材料的热稳定性。PC/ABS 这种混合材料还显示了优异的流动特性。

(4) 手机键盘材料及加工

通用硅胶一般用于镭雕，塑料加硅胶，IMD 加硅胶，组装弹性导电薄膜和金属导电薄膜，键面喷涂，可根据美工要求选择多种颜色，根据特殊组装需要，经济实惠。

镭射雕刻、透光效果：字体透光、提高产品价值。

薄膜：轻薄、短小、结构精细、装配简易、永不磨损、允许三维设计及变化多样的颜色和图案，该按键可以和聚脂薄膜（或金属）开关、冷光片组装以减少装配时间和成本。

塑料加硅胶：塑料与硅胶结合可达到柔和的手感及耐磨效果，目前多用这种工艺。

薄膜加硅胶：特殊表面喷涂或电镀工艺具优质金属感的注塑键帽和硅胶组装产品。

利用 P 加 R 的方法基础上，利用不同的处理也有不同的效果，在设计的时候可以根据需要选择：比如通过溅镀，镜面油印刷或者拉丝等处理方法。

图 6-28　塑料加硅胶

图 6-29　薄膜加硅胶

图 6-30　镜面油印刷效果

图 6-31　双色注塑、加电镀

3. 通信产品色彩与造型调查与统计分析

(1) 色彩特点

红色：兴奋、热烈、激情、喜庆、高贵、紧张、奋进

橙色：愉快、激情、活跃、热情、精神、活泼、甜美

黄色：光明、希望、愉悦、阳光、明朗、动感、欢快

绿色：舒适、和平、新鲜、青春、希望、安宁、温和

蓝色：清爽、开朗、理智、沉静、深远、伤感、寂静

紫色：高贵、神秘、豪华、思念、悲哀、温柔、女性

白色：洁净、明朗、清晰、透明、纯真、虚无、简洁

灰色：沉着、平易、暧昧、内向、消极、失望、抑郁

黑色：深沉、庄重、成熟、稳定、坚定、压抑、悲伤

(2) 消费者对近未来通信产品的色彩要求

喜欢的颜色

1) 总体情况

数据显示，白色系列是消费者最喜欢的颜色，银灰色和黑色也是消费者比较喜欢的颜色，其次是蓝色。另外，绿色、红色、黄色、紫色等也受到部分消费者的喜欢，但只占少数。

2) 城市差异

从各城市的数据可以看出，白色、黑色、银灰色仍然是最流行的色彩，特别是广州、北京和武汉，另外在城市之间还是有一定的色彩趋向差异的。

3) 群体差异

从购买情况看，计划购买者比已购买者更喜欢银灰色。女性较男性更倾向于灰色，而男性对黑色兴趣更浓。25～30岁的人更愿意选择白色和黄色；31～35岁的人更喜欢黄色和蓝色；各年龄段中，最喜欢绿色的是36～40岁的消费者；46～50岁倾向于灰色。

从职业看，企业管理人员最喜欢白色；教师、医生、技术人员对蓝色的兴趣超过其他群体；个体户、私营、企业主对红色的兴趣明显高于其他群体；家庭主妇、无业、退休人员对白色、蓝色、灰色的兴趣更浓；业务员、保险经纪人对白色、天蓝色、灰色的兴趣较大。

从文化程度看，高中及以下程度的消

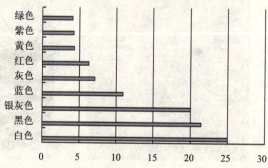

图6-32 消费者喜欢的颜色系列

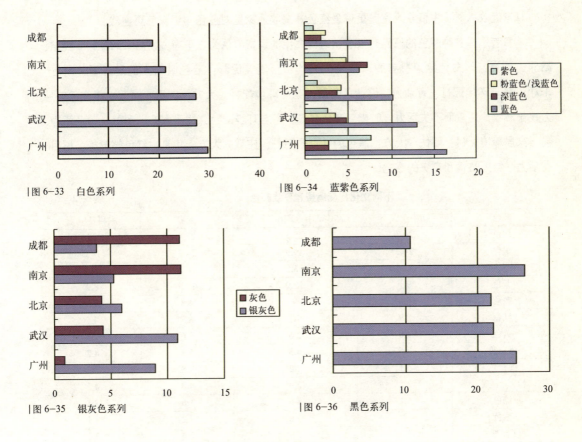

图 6-33 白色系列

图 6-34 蓝紫色系列

图 6-35 银灰色系列

图 6-36 黑色系列

不同背景消费者喜欢颜色　　　　　　　　　　　　表 6-1

颜色	购买情况		性别		年龄				
	计划	已购买	男	女	25—30	31—35	36—40	41—45	46—50
白色	23.7	26.3	23.2	26.7	28.6	25	24.5	20.7	23.3
黑色	21.5	21	26.4	16.5	20	19	19	23.6	22.1
银灰色	22.3	17.3	18.2	21.8	17.5	23.3	20.6	18.6	19.8
蓝色	11.2	10.1	9.4	12.3	11.7	13.9	10.3	10.7	12.8
灰色	7.1	6.4	5.6	8.5	5.4	6.7	7.5	7.1	9.9
红色	6.3	6.8	5.6	6.9	6.4	7.9	3.6	9.3	5.2
黄色	5.2	3.3	4.7	4.0	6.8	5.0	4.0	1.4	2.3
米白色	3.5	5.3	2.8	5.6	3.9	4.6	5.1	5.0	2.3
深蓝色	4.3	4.8	3.0	5.1	3.2	6.3	1.6	5.0	5.2
粉蓝/浅蓝	3.3	3.3	2.4	4.5	4.3	4.2	3.6	2.9	4.1
绿色	3.4	3.7	3.7	2.9	2.5	1.3	5.9	3.6	3.5
紫色	3.3	3.3	2.8	3.4	3.6	2.1	5.1	2.1	1.7
乳白/奶白	2.5	2.9	2.8	2.4	1.8	1.3	2.4	5.0	4.1
天蓝色	2.8	2.2	3.2	1.6	3.9	0.8	2.4	1.4	2.9
粉红/浅红	2.5	2.0	2.1	2.4	1.8	2.1	3.6	1.4	1.7

费者更喜欢红色；本科及以上更喜欢黄色和银灰色。

从家庭收入看，中低收入家庭更偏爱红色；高收入家庭对蓝色、银灰色更喜欢。

消费者选择各种颜色的原因有很多，选择白色的消费者认为它干净、易与家居配衬，纯洁、高雅、清爽；米白色给消费者的印象是大方华贵、清爽优雅；蓝色吸引人的是好看、耐脏、干净、易与环境配衬、有活力；深蓝色耐脏、易与环境配衬、大方、庄重、深沉；银灰色的魅力在于雅致、庄重而不失活力、时尚；灰色华贵、易与环境配衬、优雅大方、耐脏；黄色干净、易与家居环境配衬、明快、大方；黑色的特点是耐脏、庄重、大方、华贵；红色够鲜艳、醒目、有活力、给人热情和喜庆的感觉。

不同文化程度消费者喜欢颜色 表 6-2

颜色	初中及以下	高中/中专职中/技校	大专	本科及以上
白色	20.7	25.5	27.4	25
黑色	24.2	19.9	24.2	18.2
银灰色	13.5	13.5	24.2	25.3
蓝色	9.1	12.0	11.9	8.9
灰色	6.6	9	4.8	6.3
红色	8.9	7.1	6.7	4.5
黄色	4.0	3.6	3.6	7.3
米白色	2.5	4.5	5.2	4.2
深蓝色	5.1	3.2	4.8	4.2
粉蓝/浅蓝	2.5	2.9	4.8	4.2
绿色	6.1	3.6	1.6	2.1
紫色	2	3.6	3.2	3.1
乳白/奶白	1.5	2.9	2.4	3.1
天蓝色	1.5	2.5	2.0	3.6
粉红/浅红	2.5	2.7	0.8	2.6

不同职业消费者喜欢颜色 表 6-3

颜色	党政干部/公务员/事业单位人员	企业中高级管理人员/厂长/经理	一般职员/职工/工人	教师/医生/技术人员	个体户/私营业主	家庭主妇/无业/退休	业务员/保险经纪人
白色	24	34.6	17.9	24.5	24.6	31.5	39.1
黑色	20.2	17.3	25.5	17.4	24.6	19.6	20.3
银灰色	16.1	16.3	22	28.5	15.8	22.8	15.6
蓝色	9.6	9	11.4	12.9	9.2	13	4.7
灰色	2.9	8.3	7.3	7.7	4.6	9.8	12.5
红色	6.0	3.8	6.5	5.8	9.7	7.6	3.1
黄色	1.9	3.8	4.7	3.9	4.6	5.4	4.7
米白色	6.7	2.3	4.1	5.8	3.1	3.3	3.1
深蓝色	4.8	1.5	5.0	2.6	3.8	5.4	4.7
粉蓝/浅蓝	3.8	4.5	4.4	1.9	3.1	4.3	1.6
绿色	1.9	4.5	3.2	1.9	3.8	2.2	3.1
紫色	4.8	5.3	2.3	1.3	2.3	2.2	3.1
乳白/奶白	2.9	2.3	2.6	1.9	1.5	6.5	1.6
天蓝色	1.9	3.0	1.5	2.6	0.8	4.3	1.8
粉红/浅红	2.9	2.3	2.6	1.3	3.8	2.2	—

(3) 消费者对近未来通信产品的形状要求

从不同消费者的背景来看，高中级以下文化程度者比较偏爱方形、大众化、美观大方；大专文化程度者喜爱流线型；而高程度的人可能更注重体积小、造型高雅而有个性。

各城市消费者喜欢的近未来通信品形态 表6-4

形状	广州	成都	北京	南京	武汉
方形	44.6	28.8	41.7	45.9	30
小巧/轻便	12.1	15.9	22.7	6.8	20.4
流线型	6.3	24.5	25.9	8.2	6.5
椭圆/鹅蛋形	18.3	20.2	5.6	7.7	4.3
圆形	10.7	4.3	13.4	7.2	9.1
仿生形态	10.3	1	2.8	1	15.2
卡通/可爱	4	0.5	1.9	6.3	8.3
修长	7.6	0.5	5.6	3.9	3
有弧形	1.8	1.4	4.6	6.8	3
四角圆	2.2	—	3.7	4.8	1.7
薄	2.7	0.5	3.7	1.4	3

中低收入消费者对表面处理的要求是磨砂、光面及金属质感；高收入者更喜欢喷釉珠光及透明。

消费者认为小巧型的通讯产品灵便、不占地方、手感好、科技含量高；卡通型的可爱、有装饰作用、款式新颖、美观大方；方形的吸引力在于美观大方、取放灵便、手感好、大众化、不占地方；选椭圆形的消费者看重的是美观大方、取放灵便、流线型、手感好；圆形因取放灵

各城市消费者喜欢的产品形态的原因 表6-5

原因	广州	成都	北京	南京	武汉
美观大方	32.1	33.2	38.9	36.2	32.2
取放灵便	13.8	15.9	29.2	20.8	32.2
轻巧便携	15.6	9.1	13.9	9.2	19.1
手感好	20.1	10.6	14.8	10.6	9.6
款式新颖	11.6	6.3	5.1	6.3	3.9
大众化	9.4	5.3	5.6	7.7	5.2
流线条流畅	5.4	8.2	6	8.2	2.6
新潮	4.9	5.8	9.7	1.4	3.5
可爱	0.5	2.4	3.7	3.9	4.3
装饰性	0.4	1.4	4.2	5.3	6.1
与家居搭配	—	2.4	5.3	5.3	2.2
和谐感	4.5	1.9	3.7	1.4	1.3
稳重	3.6	1.4	1.4	3.9	2.6
圆滑	—	1.9	5.1	2.9	1.3
立体感强	1.8	3.8	1.9	1.9	1.3
线条简洁	2.7	2.4	1.9	1.9	1.7

便、小巧、手感好、款式新颖、可爱而受到欢迎；修长的形状取放灵便、美观大方、不占地方、手感好；流线型的形状特点是美观大方、手感好、新潮有时代感。

4. 问卷及网络论坛调查

（1）问卷调查统计

1）您是学生吗？

A 是　　　　B 否

2）您觉得应该有专门为学生使用设计的手机吗？

A 是　　　　B 否　　　　C 无所谓

3）您觉得学生手机的消费潜力大吗？

A 大　　　　B 不大

4）您觉得现在市面上适合学生购买使用的手机多吗？

A 多　　　　B 不多　　　　C 一般

5）您比较喜欢国外品牌的手机还是国内品牌的手机？

A 国内　　　B 国外　　　　C 无所谓

6）您觉得手机应该具有哪些附加功能？

A 记事本　B 学习　C 闹钟　D MP3　E 游戏　F 收音　G 拍照　H 摄像　I 上网

7）您觉得哪些颜色比较适合学生手机？

A 红　B 黑　C 银　D 灰　E 蓝　F 黄　G 绿　H 紫　I 橙

8）您觉得学生手机的售价应该定在哪个范围内比较合理？

A 0～1000元　　B 1000～2000元　　C 2000～3000元　　D 3000元以上

9）您买手机最注重什么？

A 价格　　　B 质量　　　C 造型　　　D 售后　　　E 品牌

10）您觉得学生手机应该有强大的娱乐游戏功能吗？

A 应该　　　　B 不需要　　　　C 无所谓

11）您更换手机的频率是多少？

A 0～6个月　　B 6个月～1年　　C 1～2年　　D 2年以上

12）您觉得手机造型越新奇越好吗？

A 是　　　　B 否

（2）网络论坛调查小结

通过网络针对"学生手机设计的着眼"论坛的调查，我们得出学生选择购买手机的特点，主要在以下四个方面，如下：

① 经济加实惠为学生所爱；

② 要有足够的时尚感；

③ 机体要轻巧，功能要全，容量要大；

④ 能够突出自己的个性。

(3) 总结

通过以上问卷和网络论坛调查，可见学生手机有着很好的前景，有着众多可塑性较强的卖点，在设计时要重点考虑到功能、个性、价格，以适应年轻人的需求。

5. 现在市场上部分适合学生的手机（图片列举）

图6-37　现在市场上部分适合学生的手机

6. 同类产品类比

(1) 诺基亚 3300 游戏手机

诺基亚 3300 是专门针对手机游戏迷设计的，集通讯、游戏、多媒体和网络通讯等功能，按键的增大适合游戏操作。有四种颜色可以选择，尺寸为 114mm×63mm×20mm，个头比较大，重量为 125 克，4096 色的彩屏。

(2) 三星 X400

三星小巧的 X400 是颇符合东方人审美观的产品，设计紧凑精致，屏幕所占的比例也比较大。虽然它标明是游戏手机，却并不像诺基亚的游戏手机那样独特；而且型号和国内上市的 X319 是同一型号。X 系列手机的英文定义是 X-Generation，属于娱乐类的手机，此系列手机在功能上以娱乐为主。

翻开外屏之后给人惊喜的感觉，按键一如通常的三星紧凑金属按键，并利用不同的颜色突出了通常游戏需要使用的方向数字键。其体积为 86mm×46mm×20mm，重量为 90 克。主屏幕采用了 65K 色 TFT 液晶屏幕，分辨率达到 128×160 像素。机身前面有一块金属面板标明 GAME 字样，强调是一款游戏手机。

(3) ATELAB Research Chameleon 游戏手机

Chameleon 是一款专门为游戏爱好者设计的手机，按键设计采用了传统手机的键盘设计，没有专门为游戏功能在键盘上设计其他的排列方式，在拨打电话时一个手就可以完成拨号的任务，没有任何不方便的感觉。和普通手机唯一不同的地方在于，它有两个导航键。一个在手机的下方，是手机功能的导航键。而另一个在手机的上方，是为游戏专门设计的游戏操纵

图 6-38　诺基亚 3300

图 6-39　三星 X400

图 6-40　ATELAB Research Chameleon 游戏手机

键盘，两个导航键的设计为电话功能和游戏功能提供了最大的方便。

Chameleon 在游戏功能上保留了普通手机游戏的功能，在此基础上还增强了使用的舒适度及游戏的品质和种类。并且，此款手机支持 JAVA，也可以通过 GPRS 下载自己所喜爱的游戏。Chameleon 不光在游戏功能上出类拔萃，作为手机也是毫不逊色的，它支持 SMS、GPRS，而且还有能配备数码摄像机，具有照相及摄像的功能。

三、设计概念导入

1. 设计定位

适合年轻学生使用的、具有强大多媒体及娱乐游戏功能的、时尚的中端直板手机，售价在 1500～2500 元范围之内。

2. 设计概念描述

（1）年轻的族群特点

有想法、有看法、充满想象力、勇于尝试和创新；生活在都市区，注意流行动向，穿出自我的风格；关心自己，重视休闲生活，勇于冒险。

|图 6-41

（2）购买心理

喜欢自己与众不同，衣服一定要是单色，不能抢过主角，能够体现我的风采；手机造型要抢眼，铃声更要自创，除了要造型最好再加点人性，在这个人人自我要求的年代，我一定要生活的和你不一样。

|图 6-42

（3）手机与宠物

摸摸你的头，你会开心的摇尾摆头，你会撒娇、会听话，只差不会说 Hello！我可以教你握手、翻筋斗，因为你是我最棒的朋友。猜猜我今天又要带给你什么好心情？帮我看看、和我玩游戏，我会快乐的在屏幕前跳舞；嘿！嘿！短信又来了，来认识一下新朋友吧。

（4）玩乐派时代

童心就是一切。希望藉由色彩、配备及线条设计的组合来塑造出有趣、好玩的情境；整体的造型给人安全、信任的

|图 6-43

感觉；让生活就是玩乐的开始！

科技持续发挥威力，人们移动与游乐的频率越来越快，休闲的时间加长，消费的年龄越来越早，休闲活动理所当然是年轻人的一种时尚。

(5) 好于行动的个体

这是一个DIY的独立新时代，自己敲敲打打，布置自己的房间，刷自己的墙，一个人独处发现了前所未有的轻松自在，可以自己决定穿着、决定打扮、决定心情、决定墙上的海报、决定桌上的水杯，这是一个汰旧换新、自己做主人的时代。

(6) 色彩追求

1）单纯配色

根据产品的流行色彩，化妆品的色系，搭配流行服饰等的色调，如图6-38。

2）特殊配色

涂装的想法加入服饰的概念和布料的花色。

3）年轻的符号——主题色

外形简单干净，搭配着亮丽出众的局部鲜艳色彩，不夸张而有质感的完美诠释。

(7) 群体主要诉求

受欢迎—流行的—新颖—令人想要—满足—明确—清楚—活力—精力—热忱；轻巧—有质感—价格实惠—环保—趣味—造型简洁。

3. 提出概念

(1) 创造话题——宠物，是一个玩伴、是一种友谊、是一个玩具。

(2) 创造话题——配件，你就是你所

图6-44 年轻人喜爱流行亮丽的单纯

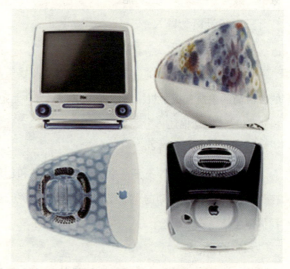

图6-45 年轻人喜爱具有时尚感的特殊配色

图6-46 年轻人喜爱产品配色出重，主题鲜明

选择的？品位、流行、时尚。

（3）整体而言——外形简单干净，色彩明亮活泼，搭配着亮丽出众的局部鲜艳色彩，不夸张而有质感的完美诠释；同时，加入一些独有的小创意于外观上。整体而言，是清新脱俗，释放出强烈的科技未来感，外形较刚硬中性，整体设计干净利落，适合都市学生的个性。

（4）设计着手点、立足点——力求造型风格独特，人机操作、按键设计、表面处理、细节材质等几个方面为设计着手点。

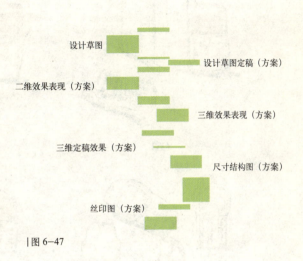

|图 6-47

设计草图

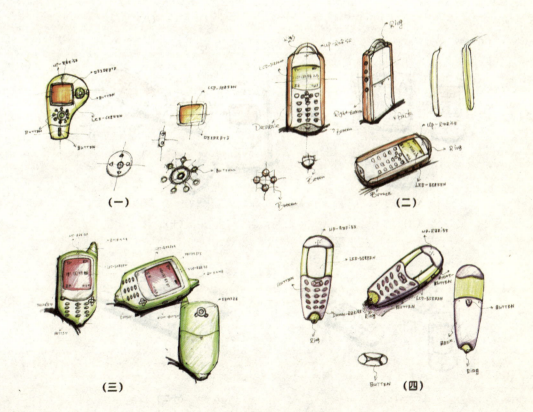

|图 6-48

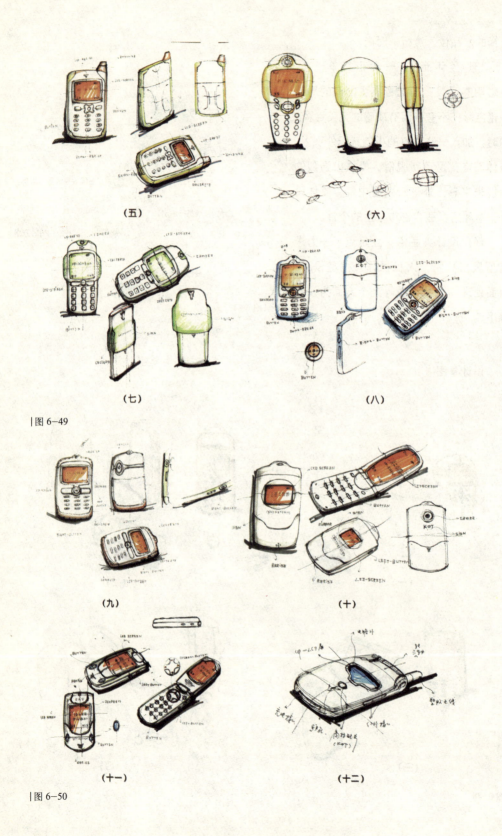

（五） （六）

（七） （八）

图 6-49

（九） （十）

（十一） （十二）

图 6-50

构思・策划・实现 | 119

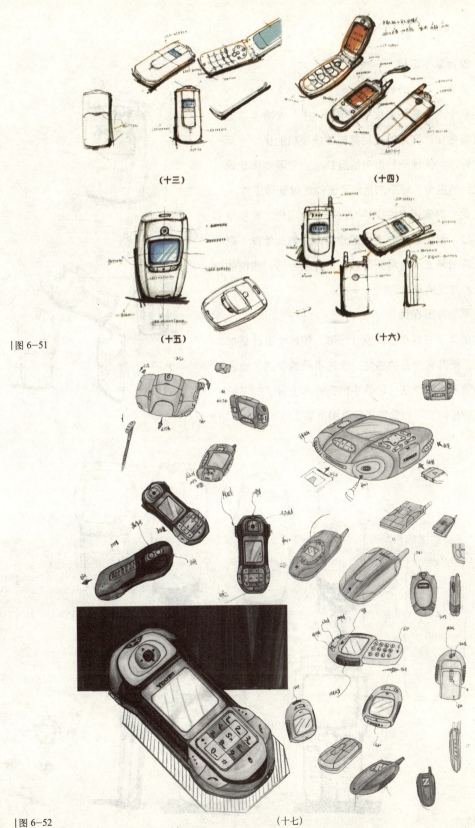

(十三)　　　　　　　　　(十四)

(十五)　　　　　　　　　(十六)

|图 6-51

|图 6-52　　　　　　　　(十七)

设计草图定稿

方案（一）分析

在十八个草图方案中选定第（七）个方案，这个方案的设计亮点就是用打破传统手机的保守、沉闷的外形，体现一种时尚的运动感，它最能体现这次设计的定位，接下来是对草图的继续探讨工作。

这个方案还有许多地方没有考虑周全，需要细细推敲，例如旁边的突出部分具体是怎么处理，是什么样的形式，背后又是怎么设计才合理，按键的样子和方式的细化等。

草图外形探讨

是为了寻找最佳的设计外形，使这个设计更加合理，更具有产品的感觉。通过不同的勾画，也出现了很多新的想法，这款手机在外形上有了很多新方向的探讨，可以最终确定草图方案。

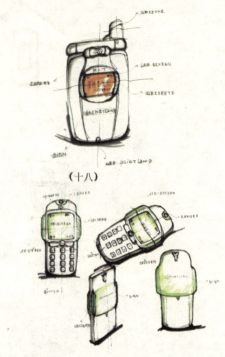

图 6-53

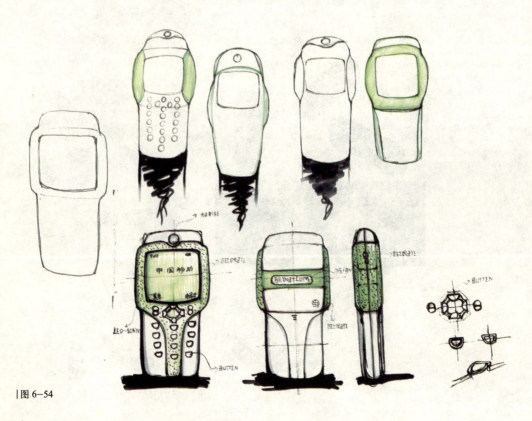

图 6-54

草模外形探讨

草模的制作是为了更好的掌握产品设计的外形比例和细节的推敲，为建模打好基础。

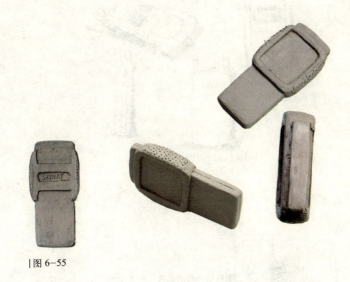

|图 6-55

方案（一）二维表现

|图 6-56

设计草图定稿

方案（二）分析

在十八个草图方案中选定第（十六）个方案，这个方案的设计具有双屏显示，内屏为彩屏，造型简洁具有日韩风格。

在细节部分还需要深入设计和考虑。

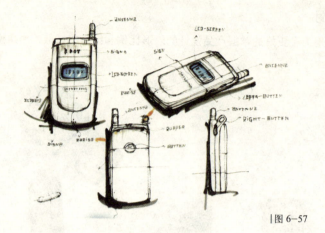

图 6-57

方案（二）二维表现

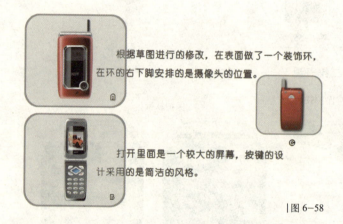

根据草图进行的修改，在表面做了一个装饰环，在环的右下脚安排的是摄像头的位置。

打开里面是一个较大的屏幕，按键的设计采用的是简洁的风格。

图 6-58

方案（三）分析

方案（三）二维表现方案

图 6-59

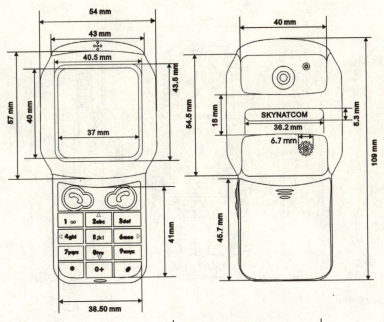

图 6-60　方案（一）尺寸结构图 1

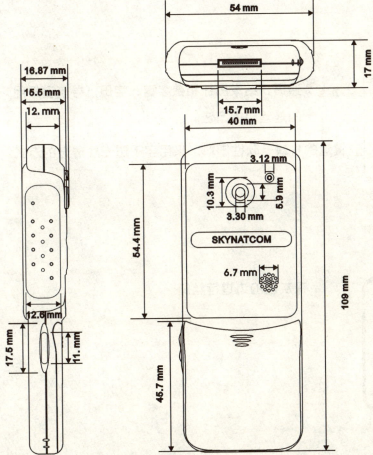

图 6-61　方案（一）尺寸结构图 2

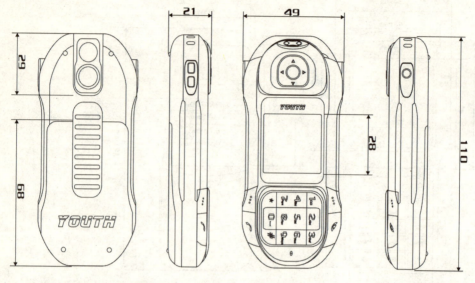

|图 6-62 方案（三）尺寸结构图

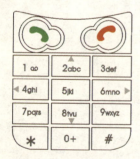

通话、结束图标和数字键、字母，导航键采用的是丝印的方法。

键盘的材料是软性塑料，采用字不透光底透光的方式。

|图 6-63 键盘丝印

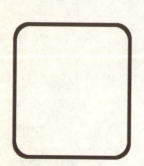

深灰色的边进行丝印

|图 6-64 镜片丝印图

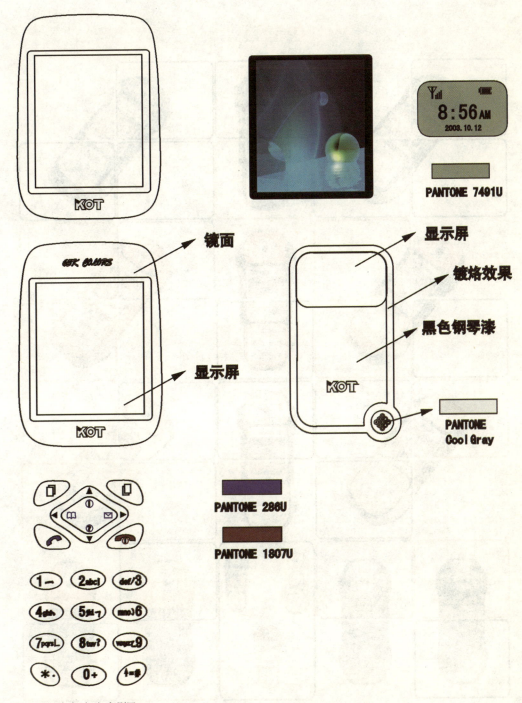

图 6-65　方案（二）印刷图

|图 6-66 色彩方案

四、设计提案

设计提案（一）

这款手机设计就像是一个玩具，比较适合年轻学生，尤其是喜欢DIY动手制作的女生使用。

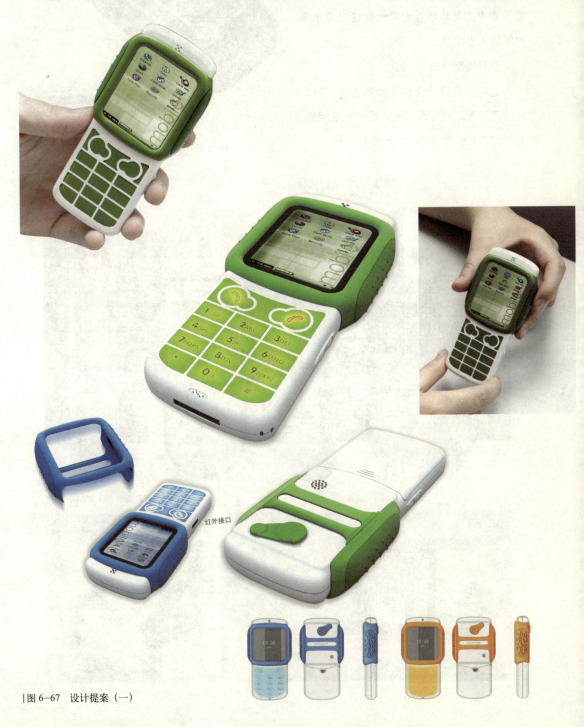

|图 6-67　设计提案（一）

设计提案（二）

这款手机设计庄重而轻巧，注重内涵的表现，具有双重营销的开发价值。比较适合稳重的青年学生和其他性格内涵丰富的年轻人士使用。

设计提案（三）

这款手机设计强调了游戏功能，整体设计沉稳而不失活泼，比较适合性格明朗、喜欢运动和追求时尚的男生使用。

图 6-68　设计提案（二）

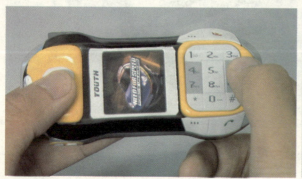

图 6-69　设计提案（三）

参考课时：6 课时

参考设计课题：

① 选择你身边一件熟悉的产品，进行改良设计。设计尽量多尝试用本书所介绍的创造方法来进行产品专题改良设计。

② 根据性别的分类，按男性或女性选择其中一类进行调查，经调查分析后确定某一新产品的开发设计。

名师点评：概念企划（设计感言）
东华大学艺术设计学院工业设计系主任　吴翔副教授

无论是设计产品时，还是对产品品质进行评价时，我们总会将意识定位在"物"的层面上。的确，产品是以可触及的物质形态存在的。不管是设计的主体（设计者）还是设计的客体（使用者），都会不自觉地关注产品的物质属性。

然而，产品不过是功能的载体，消费者购买产品时是在购买产品的功能。当然，这里包含使用功能和精神功能。实现产品功能是产品设计的最终目的，而功能的承载者是产品的实体结构。产品的设计与制造过程中的一切手段和方法，实际上是针对依附于产品实体的功能而进行的。因此，作为消费者物质化地看待产品及其设计是极为自然的事情。但作为设计者却不可单纯地物质地看待产品的存在，而是要建立起这样一种意识和态度，即设计的意义不是物质的产品本身，而是隐含在产品背后的"故事"。设计者要编制和导演这些"故事"，驾驭"事"与"物"的关系，并使其具有良好的传达性。

实现这一过程的根本保证就是概念企划。

6.2 实际开发案例

案例3——钱璟康复器材产品开发设计——E—ZLJ 系列之站立架改良设计

(设计团队:常州工学院工业设计研究所陶裕祊等)

一、设计目的

智能主被动训练器是用于老年人、残疾人等弱势群体康复训练的产品,虽然在日本、美国等发达国家已有较为成熟的产品,但是在国内仍属于高端的康复设备,可以进行主被动选择的康复训练。希望通过工业设计参与产品开发,从审美、人性化、舒适性等方面提高产品的市场竞争力,开发出符合中国市场特点的方便使用者使用的产品,使康复产品更加符合特殊人群的使用要求。

二、产品概念

站立架能够把本身不能站立的使用者固定在站立位。站立架有儿童站立训练架、单人站立架、双人站立架、四人站立架和电动升降式站立架等。

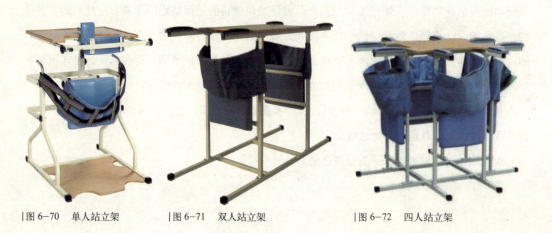

|图 6-70　单人站立架　　　|图 6-71　双人站立架　　　|图 6-72　四人站立架

三、产品介绍

AP-ZXQ-01 型智能主被动训练器是康复训练设备,可用于神经、脑科、康复科、老年科、骨科等。通过本产品的训练增强身体灵活性。保持身体行动能力,加强肌肉剩余力量。增强康复者信心,减少痉挛发生,促进新陈代谢和血液循环。

四、设计特点

可同时对两侧上肢或者两侧下肢进行被动和主动训练。有定时和连续两种计时方式,治疗时间控制准确、有效。可进行正转和反转方式训练。

五、设计分析

国内的康复器材企业起步较晚，虽在康复产品种类上达到一定数目，但缺乏整体性的设计，因此开发的产品缺乏系统性，不但功能比较简单，而且造型机械、粗糙，缺乏人性化，不适应现代使用者的心理需求，很难与当前社会发展相适应。

通过对现有产品进行分析，发现设计及结构方面存在的一些问题，有利于针对性地进行改良。

1．产品过于功能化，缺乏美感

该系列站立架为了实现站立训练的功能，只是机械地组合每一部件，没有从美学意义上进行研究与设计；采用方管作为主要直线形材料，显得过于生硬与杂乱；木材、织物、皮革与金属的搭配缺乏协调，各细节的处理简单、不精细；单人站立架使用材料过多，使产品显得复杂。总之，无论是产品整体，还是各个部件都应该考虑形式美在产品中的应用。

2．产品使用不舒适，设计缺乏人性化

该系列站立架虽然在许多方面作了考虑，如可升降的台面，可伸缩的背靠和腰带以及可使轮椅进入的踏板等，但还是比较粗浅，缺乏人性化，使康复者感到不舒适：可伸缩的胸托，容易使人局部受压；木板的直角边沿，手臂接触很不舒适；过重的靠背使康复护理人员感到难以翻起。

3．产品色彩搭配不协调，缺乏时尚感

该系列站立架主要有五种色彩的组合：浅黄色金属喷漆，浅蓝色皮革，深蓝色腰带，深黄色木板以及黑色粘带和塑柄螺栓等。不但某些色彩在康复医疗器械应用中已经过时，使产品显得非常陈旧，而且搭配随意，使产品色彩非常混乱，缺乏整体性和美感，使产品与康复环境很不协调。

4．产品结构复杂，成本过高

此处所述的结构复杂，是指产品包含的零部件总数过多，许多部件起着相同的作用，从而导致产品材料上的堆积；所用的都是方管等线形较多的材料，造成视觉上的混乱；某些材料的使用功能远远低于其实际性能，从而造成功能过剩，材料浪费，使生产成本大大提高。

5．产品无系统设计，通用性低

作为系列产品，设计时没有把所有的产品作为一个系统来考虑，产品间缺乏应有的联系，各自孤立；一方面不利于使用环境的统一，使整个康复环境杂乱无章，影响使用者情绪；另一方面每件产品的每个部件都是单个使用，缺乏通用性，增加生产成本，也不利于产品管理。

六、设计过程

1．设计计划（表6-6）

E—ZLJ 系列之站立架改良设计进程表　　　　　　　　　　表 6-6

序号	日期 分项	5.9—6.9	6.10—6.17	6.18—6.28	6.29—7.19	7.20—8.28	任务与预期目标
1	产品结构确定	→					主要对产品有初步的认识
2	课题分析		→				对相关产品的资料进行分析与整理，列出相关数据图表
3	产品定位/设计定位			→			通过以上分析，对产品进行定位，写出产品的关键词
4	方案构思			→			以不同形式进行构思方案，每人每天说明性草图至少5个
5	讨论			→			对最终确定的方案进行三维电脑建模，为后期产品分析服务
6	方案细化（效果图）				→		对以前产品色彩与标示进行分析，对方案进行色彩与标示设计
7	产品分析				→		对你所设计的方案进行结构分析，绘制出产品的简单结构图
8	模型制作				→		对你所设计的方案进行材料与工艺的分析，并有相关的说明
9	产品试制					→	对你所设计的方案进行人机关系的分析，并有相关图示的说明
10	样品					→	正确选择材料进行模型制作，同时配以色彩与标示的处理

负责人：陶裕祊

参与人员：徐娟燕　何亚峰　张康　张群

产品设计名称：E—ZLJ 系列之站立架改良设计

时间：2008.5.9～2008.8.28

制表人：陶裕祊　　　　　　　　　　　　　　　2008年5月8日

2. 设计草图

设计方案是产品创意的表现形式之一。设计草图可以快速记录设计师的灵感。本次产品设计进行了大量的设计构思，产生了许多有意义的设计草图（图6-73、图6-74）。

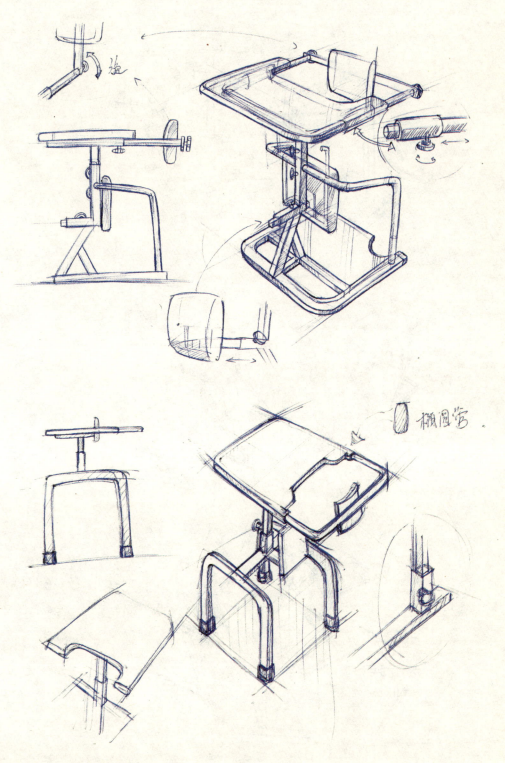

|图 6-73　产品设计方案草图

图6-74 产品设计方案草图

七、最终设计方案

1. 产品效果图

通过与企业相关人员共同从审美、可行性、整体性等方面进行讨论,确定其中一款作为最终设计方案,并进行三维电脑建模与渲染,以利于进一步分析其效果与各部分的生产工艺(图6-75、图6-76、图6-77)。

|图6-75　产品效果图-单人站立架

|图6-76　产品效果图-双人站立架

|图6-77　产品效果图-四人站立架

2. 产品结构工程图

根据企业生产的需要,对设计方案进行结构分析以及工程图的绘制。首先应用ProE软件进行三维实体建模并分析产品的结构,模拟产品的强度和稳定性等,然后通过导出二维零部件的工程图,用于生产和加工(图6-78、图6-79)。

图6-78 产品结构工程图

图6-79 产品结构工程图

八、产品试制

根据产品结构工程图进行产品的试制,从而进一步发现产品的问题(图6-80、图6-81)。

图6-80 产品实物模型图

图6-81 产品实物模型图

九、设计评价

通过对企业原系列站立架康复产品的分析，总结其存在的缺点，设计出新型系列站立架产品，与企业原产品相比，新产品具有以下特点：

(1) 提高系列产品统一性：改良以后，使得单人站立架、双人站立架、四人站立架在形式上具有统一感、整体性；

(2) 节约产品生产成本：其一，增加了通用部件，简化产品的生产；其二，通过合理分析产品结构，减少产品零部件，节约材料与工艺投入；最后通过系统设计，节约管理成本；

(3) 提高产品审美性与舒适性：通过改变产品结构，采用圆管弯曲等方式，改变原产品杂乱、粗糙等缺点，使产品简单、美观。通过人机关系分析，增加产品使用的方便性与舒适性，如把胸托变为软围带，上下、前后调节操作方式的改变等；

(4) 增加产品稳定性：通过采用弯管连接，形成三点成面方式，增加产品稳定性，特别是双人站立架和四人站立架，从而增加产品使用的安全性。

案例4——蒸汽美容器专题设计

（设计团队：杭州谷田工业设计公司郑磊、张朱军、陶金等）

本设计案例是杭州谷田工业设计公司为某企业设计的女性专用产品-蒸汽美容器，该产品目前已经投入市场，并获得消费者的好评。设计过程如下：

一、产品分析

现代市场美容蒸面器已进入保湿小家电的时代，平时电视里的美容蒸面器产品广告，普遍具有保湿功能了，可见水分对于女性皮肤养护的重要。不过这些产品都只是尽力延缓皮肤水分的流失，而不是主动补充水分。主动补充水分、保养皮肤的当属独特的喷雾小家电。值得提醒的是，此种家电是普通家用型，而不是美容院的专用产品。有了这些，我们爱美的女士就不用专门去美容院花钱了，随时在家都可以保养皮肤。

目前，市场上喷雾小家电产品主要分为三个类型：

类型A：电热水壶型

常见的简洁型产品大小有些类似小的电热水壶，原理也非常接近，只是它们可以调节喷到脸上的水分和温度，既达到增加皮肤温度，也增加了皮肤的湿度而获得皮肤的保养。由于温度较高，也比通常洗脸效果好而且方便。这种产品价格相对便宜，一般100元左右即可，如图6-82。

图6-82 类型A：电热水壶型

类型B：面罩型

有些特别加了面罩，就类似给脸部做桑拿的效果，减少水分的流失，同时还可以配合化妆品的使用。这样的产品稍贵，一般价格在200元左右。如图6-83。

类型C：手动按摩型

这类产品配置了手动的按摩棒，同样的喷雾效果设计更为巧妙，喷雾的功能可以特别照顾具体的部位，而且具有按摩效果，操作更舒适，更灵活。当然价格不低，也是蒸面器的发展趋势。如图6-84。

针对产品开发的企业要求，我们经过对周边产品的采集和搜索，通过各种产品形态的审视，考虑该产品的造型该如何定位。

我们在思索……

我们在探寻……

图6-83　类型B：面罩型

图6-84　类型C：手动按摩型

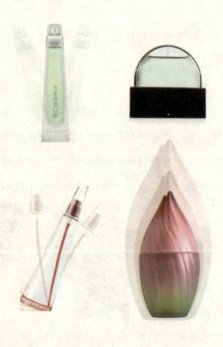

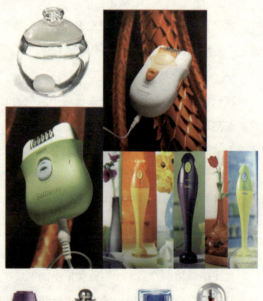

周边产品采集

图6-85　周边产品采集

用我们无尽的思维展开联想……

如珍珠般光彩照人……

如牛奶般丝滑嫩白……

如少女般婀娜多姿……

………

二、设计定位

1. 造型—调味

通过对造型的细致分析，设计思路逐渐清晰起来，最后，我们总结出了造型的主要精神，该产品设计的造型－调味的关键词如下：

图 6-86

优美的线条	年轻
有创造力	舒适
没有距离感	亲近
优雅	美丽

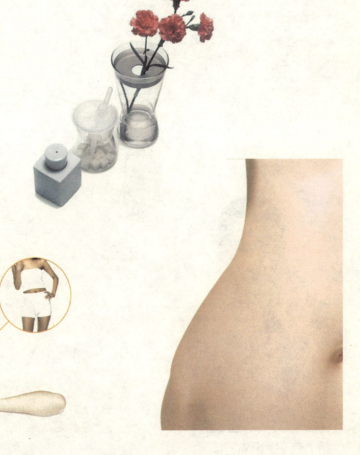

图 6-87

2. 材质—品位

通过对材质的细致分析，我们思索该产品的材质就犹如女性的皮肤那样，有着珍珠和牛奶般的气质，珍珠、牛奶一般的材质－品位的关键词如下：

珍珠：千锤百炼、光艳照人、细腻高贵；

牛奶：丝滑、嫩白。

如上分析，这就是消费者想要的！

产品应该体现年轻，有创造力，没有距离感，亲近，细腻和具有优美的外观线条。于是，我们针对这样的造型特征、材质品质设计了多款新构思的产品，其中一款如图 6-89 表达细腻生动的蒸面器方案，经设计公司和企业相关部门检验论证最终定型。

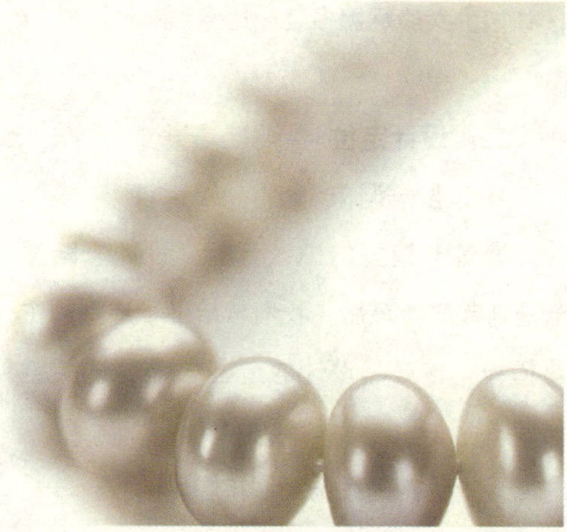

图 6-88

设计提案

图 6-89　设计提案

配色1：幻紫、流翠

配色2：霓虹、宝蓝

配色3：炫灰、恒金

图6-90 产品配色方案

三、设计完善

产品定型后，针对技术部门提出的要求，在形态与工艺设计的和谐方面做了进一步完善工作，同时，针对营销部门提出的产品市场需要，设计师根据女性喜好的产品需求特征，选择了一些配色，如图6-90，从产品的系列化进一步满足了市场细分的消费者需求。

案例5——海吉亚即热型热水器专题设计

（设计团队：杭州谷田工业设计公司，项目策划：潘荣；设计：郑磊、张朱军、陶金、蒋之炜等）

本设计案例是杭州谷田工业设计公司，为海吉亚企业设计的家庭专用热水器产品外观设计。海吉亚现有产品技术：即热、节约，且轻、薄不占空间等主要优势，具有引领时代的高品位产品特征成为必然。围绕企划与营销定位，我们进行设计分析，并展开建议和提供了多款系列外观方案方向，以供学习参考。

一、产品分析

（一）产品市场区隔

热水器产品随着市场发展，专业化、工程化的趋势日渐清晰，市场上同类产品已不断涌现，如：西门子e控家；蓝勋章、希尔乐、博宁顿、阿诗丹顿、哈佛等产品，围绕满足人们个性化、现代生活方式，在人性化、便捷设计等方面的外观设计，都具有强烈的性价比和品牌影响力。近年来国内的海尔和美的产品，也具有较好的市场认同感。根据产品的市场区隔，如图6-91，从产品的工程化、专业化、性价比等方面，对市场中现有产品进行了分析，目的在于探讨本课题新产品的市场方向。

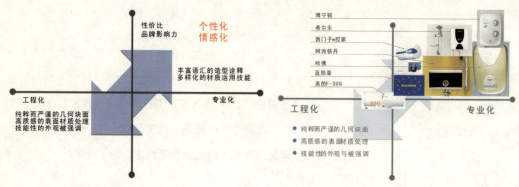

图6-91　热水器市场区隔分析

(二) 产品市场分析

1. 主要竞争对手产品设计分析

①高价位热水器产品相对不多，国内品牌则更少；

②透过活泼的造型集中焦点于产品的柔和、简约、细腻等特质；

③新材质的运用与时尚审美紧密结合；

④多用曲线与几何而不失精致的造型语言，表达了情感的联想的共求；

⑤色彩高调或低调及材质的色泽应用多直接表现在产品的品位；

⑥中高档产品市场主要停留于传统机型，新技术产品空间较大；

⑦造型的风格开始具有多样性；

⑧简便操作与情感需求的科技表达是发展的重要趋势。

2. 主要竞争对手及其产品外观优缺点

根据企业产品技术特点以及企业未来产品的市场，主要针对现有市场的高端与中端产品的外观设计优缺点进行分析。目前市场同类的高端产品主要有哈佛、博宁顿、西门子、蓝勋章和阿诗丹顿等；目前国内市场同类的中端产品主要是美的和海尔。

(1) 哈佛产品外观分析

通过对该品牌的细致分析，我们不难找出它的优缺点。

优点：多样化的材质搭配；多样化的色彩分色；简约的大气设计。

缺点：样化的材质搭配多，如图6-92。

图6-92　哈佛产品采集

(2) 博宁顿产品外观分析

优点：

① 多样化的材质搭配；

② 多样化的色彩分色；

③ 简约的大气设计。

缺点：

材质搭配多，色彩分色多，稍有零散之感，如图6-93。

(3) 西门子产品外观分析

优点：

① 简单的人机操作界面；

② 多功能使用方式。

缺点：

产品过于简约，使产品整体的设计感不强烈，如图6-94。

(4) 蓝勋章产品外观分析

优点：

① 新颖的产品造型；

② 简单的操作界面。

缺点：

产品外观过于理性，使产品整体不够有亲和力，材质也太单一，如图6-95。

(5) 阿诗丹顿产品外观分析

优点：

① 大胆的色彩搭配；

② 简单的使用界面。

缺点：

产品的设计感还不够突出，如图6-96。

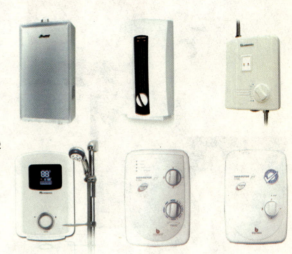

|图6-93 博宁顿产品采集

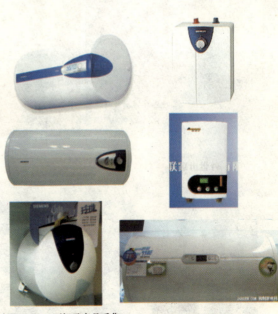

|图6-94 西门子产品采集

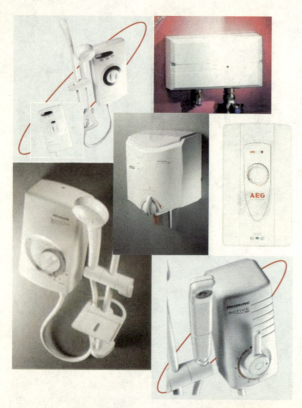

图 6-95　蓝勋章产品采集

图 6-96　阿诗丹顿产品采集

二、产品趋势策略

根据热水器产品市场区隔和竞争品牌分析，海吉亚即热型热水器外观设计主力消费群应立足于 25～45 岁的消费群体，经分析，该消费群对外观情感需求如下：1）希望获得新功能、新概念产品理念；2）追求造型风格、材质色彩和突出产品品牌的差异性；3）具有理想与现实的双重特征。

1．他们对身边产品的要求

（1）稳重与品位是追求的第一要素；

（2）崇尚科技时代的审美视觉；

（3）新奇、精巧体现个性情怀；

（4）尊贵的追求成为形象的代言；

（5）界面交互已成为情感体验的媒介；

（6）蓝光犹如精密电器的象征；

（7）我的年代应该我做主；

（8）生态革命的健康觉醒。

2．产品语意分析

根据海吉亚新产品开发分析，结合企划、差异竞争、独创品牌要求，定位该产品语意如下：

（1）科技语意：精巧、简约、时尚，具有情趣的科技品位；

（2）情感语意：清新、梦雅、水性，具有生态美的无限联想；

（3）品位语意：稳重、独特、个性，在品位中享受生活；

（4）操作语意：方便、安全、快捷。

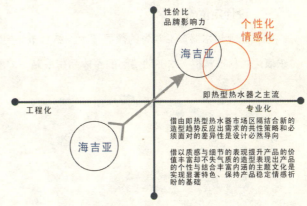

|图 6-97　海吉亚热水器市场区隔策略

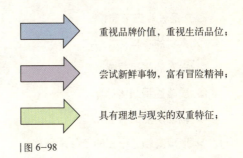

|图 6-98

|图 6-99　25～45 岁年龄段对产品的情感需求

三、设计定位

根据企业热水器产品领先的超导技术,结合市场要求和产品的竞争空间,企业产品目标应力求表达"科技掌控 水亦动情"的整体品牌战略,才能体现企业的产品特色和市场价值。

|图 6-100

1. 产品造型关键词

精巧简便、奇特尊贵、科技时尚、水性动情。

2. 产品设计细节建议

① 素材的多样化;

② 丰富的表面质感;

③ 质感的精细化;

④ 辅助功能的特色化;

⑤ 形成高档、中档的产品系列化。

四、设计提案

设计提案1——"水呼吸"系列

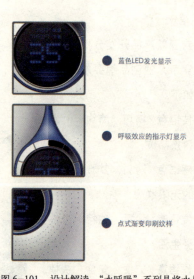

● 蓝色LED发光显示

● 呼吸效应的指示灯显示

● 点式渐变印刷纹样

图 6-101 设计解读:"水呼吸"系列是将水与产品的使用功能紧密结合,以滴水元素结合电子技术,通过形态、色彩和光的变化创造产品的情感形象,给人以清新、舒畅而以此表达"科技掌控、水亦动情"的产品品牌感

设计提案 2——"流金岁月"系列

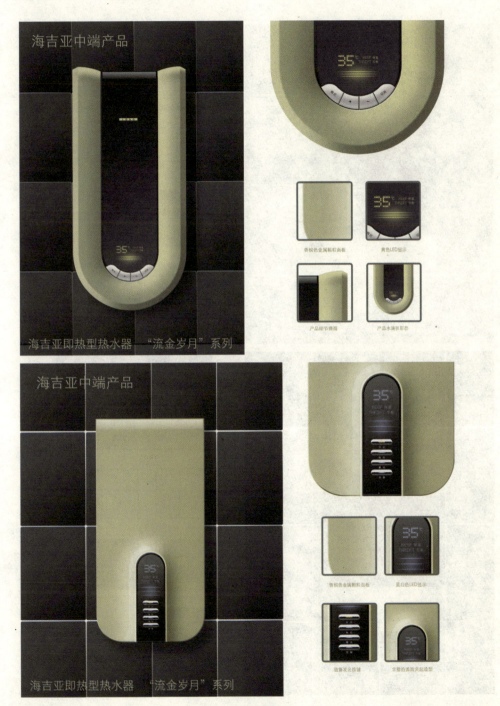

图 6-102　设计解读:"流金岁月"系列是将水与产品的使用功能紧密结合,主要针对 40 岁左右的消费群体,造型以流水表达在不经意间的岁月流逝,回忆往事更能激发对未来的珍惜。设计以人生 40 为标尺,从不惑的年代、丰收的年代获得动情的产品品牌认同感

设计提案3——"黑晶"系列

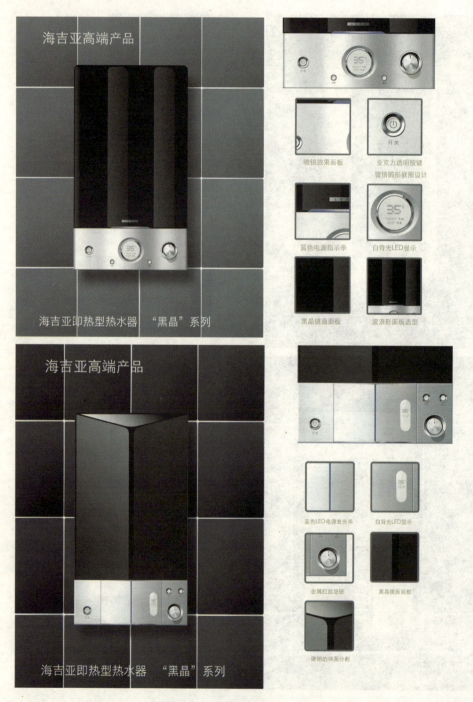

图6-103 设计解读:"黑晶"系列是将水的元素在产品外观中的含蓄表达,沉稳中透着明快而不张扬的色彩,配合高雅的工艺与肌理,正是对广大中产阶级含蓄而又坚毅性格的写照,也诙谐地诠释了消费者积极的人生态度,从而获得消费者对产品的情感满足

设计提案 4——"灿钻"系列

● 采用黑晶钻石面板

● 镀铬装饰嵌条

● 镀铬装饰嵌条

图 6-104　设计解读:"灿钻"系列主要以表述人们追求的一种品格风范。设计元素突出钻石的图形特征,以不张扬的工艺表现,既表达了水波的光彩与柔情,同时,又给人以高贵的品质特征的无限联想,那灿钻般闪烁的无穷魅力,让你不动情来也动心

设计提案 5——"水立方"系列

● 镀铬装饰嵌条

● 镀铬装饰嵌条

● 蓝色LED显示

图 6-105　设计解读:"水立方"系列以水的柔情与缠绵,在现代都市的冷峻与刚毅间解读现代人内心的惶惑与冲突,设计元素在水波的阴柔之美与外形的硬朗间游刃有余。在水与火的洗礼中涤去你心灵的尘埃,释放如碧海蓝天般的狂野之心

五、设计完善

以上产品设计定型后,为满足设计要求,在选材、工艺和技术方面,与企业技术部做了进一步沟通与完善,同时,针对产品市场区隔以及企业生产与管理的规范需要,产品系列化设计作了进一步延伸,并根据产品的功能、技术和设计目标,对系列产品推向市场的产品名称也作了细致的推敲,如下:

高端产品
- A-1 蓝爵系列
- A-2 灿钻系列
- A-3 水立方系列
- A-4 金尊系列
- A-5 黑晶系列

中端产品
- B-1 流金岁月
- B-2 水呼吸系列
- B-3 蓝晶系列
- B-4 水灵系列

其他产品
- C-1 太喜系列(厨房)
- C-2 蓝洁系列
- C-3 工程系列

流金水月

黑晶系列

"蓝爵"系列

"灿钻"系列

"水立方"系列